新型职业农民科技培训教材

U0272077

新型农业机械
使用与维修

王建平　陈　磊　任笑铭　主编

中国农业科学技术出版社

图书在版编目(CIP)数据

新型农业机械使用与维修 / 王建平,陈磊,任笑铭
主编. —北京 :中国农业科学技术出版社,2014.7
　ISBN　978-7-5116-1750-7

　Ⅰ.①新… Ⅱ.①王… ②陈… ③任… Ⅲ.①农业机
械—使用方法②农业机械—机械维修 Ⅳ.①S220.7

　中国版本图书馆 CIP 数据核字(2014)第 145362 号

责任编辑　崔改泵
责任校对　贾晓红

出 版 者　中国农业科学技术出版社
　　　　　北京市中关村南大街 12 号　邮编:100081
电　　话　(010)82106624(发行部) (010)82109194(编辑室)
传　　真　(010)82106624
网　　址　http://www.castp.cn
经 销 者　各地新华书店
印 刷 者　北京富泰印刷有限责任公司
开　　本　850mm×1 168mm　1/32
印　　张　5
字　　数　117 千字
版　　次　2014 年 7 月第 1 版　2015 年 7 月第 3 次印刷
定　　价　18.00 元

目 录

第一章 绪 论

农业机械即农业生产中所使用的机械,包括动力机械和作业机械。动力机械为作业机械提供动力,作业机械则直接完成农业生产中的各项作业。从广义上讲,动力机械及配套的作业机械统称为农业机械;而农用作业机械教材所用农业机械的概念为狭义上的农业机械概念,即只包括作业机械和动力制成整体的联合作业机,不包括单独的动力机械。

一、农用作业机械的作用、特点和种类

(一)农用作业机械在生产中的作用

农业机械化是农业现代化的一个重要组成部分,随着农业现代化的发展,农用作业机械在农业生产中将发挥越来越重要的作用。

(1)提高劳动生产率。

(2)提高单位面积收获量。

(3)促进农业生物技术的实施与发展。

(4)争取时间,不违农时。

(5)改善劳动条件。

(二)农用作业机械的特点

1. 种类繁多

农用作业机械的工作对象,其物理力学性能复杂,且多为有

生命的,因此,农用作业机械必须有良好的工作性能,能适应各种工作对象,满足各项作业的农业技术要求。

2. 作业复杂

许多农用作业机械在作业时都不止完成某一项任务,而是要完成一系列的作业项目。例如,播种机在作业时除了将种子均匀排出外,还要开沟、覆土、镇压;联合收获机作业时,要连续完成收割、脱粒、分离、清选等作业项目。作业的复杂造成机器结构上的复杂性。

3. 作业环境条件差

大多数农用作业机械都是在田野或露天场地作业,烈日暴晒,风沙尘土多,有时还受雨淋。因而农用作业机械应具有较大的强度和刚度,有较好的耐磨、防腐、抗震等性能。

4. 使用时间短

农业生产有很强的季节性,这就要求农业机械必须工作可靠。

5. 制造要求高

农用作业机械看起来很粗糙,不精密,但制造工艺的要求很高。许多铸锻件或冲压件不做任何切削加工就装配使用,甚至连齿轮都是铸好就用,而且能正常工作。这表明农业机械制造有其独特之处。

(三)农用作业机械的种类

农用作业机械应用面广,种类繁多。一般按作业性质可分为农田作业机械、农副产品加工机械、装卸运输机械、排灌机械、畜牧机械和其他机械六大类。而农田作业机械又可分为耕耘和整地机械、种植和施肥机械、田间管理机械和植物保护机械、收获机械及场上作业机械等。

根据我国《农机具产品编号规则》(JB/T 8574—1997)标准的规定,农机具定型产品除了有铭牌和名称外,还应按统一的方法确定型号。型号由 3 部分符号和数字组成,分别反映产品的类别、特征和主要参数。

1. 类别代号

类别代号由用数字表示的分类号和字母表示的组别号组成。分类号共十个,用阿拉伯数字表示,分别代表十类不同的机具,见表 1-1。组别号则用产品基本名称的汉语拼音第一个字母表示,如"L"代表犁、"B"代表播种机、"G"代表收割机。

表 1-1　农机具分类号

机具类别名称	分类号	机具类别名称	分类号
耕耘和整地机械	1	农副产品加工机械	6
种植和施肥机械	2	装卸运输机械	7
田间管理和植物保护机械	3	排灌机械	8
收获机械	4	畜牧机械	9
谷物脱粒、清选和烘干机械	5	其他机械	0

2. 特征代号

特征代号用产品特征的汉语拼音中一个主要字母表示,如"Q"表示牵引、"B"代表半悬挂、"Y"表示液压、"L"表示联合、"T"表示通用等。

3. 主要参数

用数字表示产品的主要结构或性能参数。如犁用犁体数和每个犁体的耕幅表示(单位为 cm)、播种机用播种行数表示、收割机用割幅表示(单位为 m)。

例：重型四铧犁

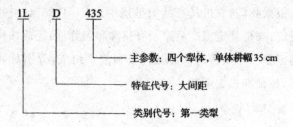

    1L   D   435

主参数：四个犁体，单体耕幅35 cm

特征代号：大间距

类别代号：第一类犁

二、我国农用作业机械的发展概况

我国的农业生产已有数千年的历史，劳动人民在生产中发明创造了多种生产工具，有的结构已相当完善，在当时处于领先地位，但在以后漫长的封建社会，农业生产工具发展缓慢，长期处于落后状态。

新中国成立后，我国农机事业开始得到迅速发展。20世纪50年代，国家在推广人、畜力改良农具的同时，兴办了国营农场和拖拉机站，从前苏联和东欧国家引进了一批拖拉机和配套农机具，建设了一批农机企业，创办了各类农机院校，建立了各级农机科研机构和农机试验鉴定机构，为我国农业机械化的发展准备了基本条件。20世纪60年代，我国农机工业有了较大发展，农机产品从仿制发展到自行设计制造。20世纪70年代，我国农机产品的研制已具有相当的规模和水平，不仅生产出各种大、中型拖拉机和配套机具，并且发展了一些适合我国实际需要的新品种，有的已形成系列。20世纪80年代以来，由于农村生产经营体制的改变和农村经济的发展，农民自购自用的小型农具得到迅速发展，有的还出口国外。与此同时，随着改革开放的逐步深入，也引进了一些国外农机新技术和新机型，研制了一些新产品，使我国农机产品的水平有了新的提高。不仅拉动了广大农民对农业机械的新需求,促进了农用机械工业的发展,而且推进了农业机械化快速发展,改善了农业生产条件,提高了农业生产力,促进了农业增效和农民增收,加快了传统农业向现代农业的转变。

三、国内外农业机械发展趋势

(1)农用拖拉机向大功率四轮驱动发展,农机具也向宽幅、高速、大型化发展。

(2)发展联合作业机和多用农机具,提高生产率和农机具利用率。

(3)进一步提高农机产品的系列化、标准化、通用化程度。

(4)不断将液压、电子、红外线、计算机等先进技术应用于农业机械的操纵、控制、调节和监测,逐步趋于自动化。

(5)农机和农艺进一步结合,互相促进,加速农业机械化的进程。

第二章 拖拉机驾驶技术

第一节 拖拉机的基本组成

拖拉机主要由发动机、底盘和电气设备 3 大部分组成,如图 2-1 所示为轮式拖拉机纵剖面图。

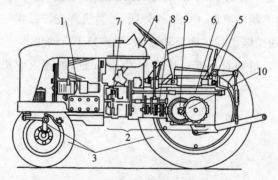

图 2-1 轮式拖拉机纵剖面图

1. 发动机;2. 传动系统;3. 行走系统;4. 转向系统;

5. 液压悬挂系统;6. 动力输出轴;7. 离合器;8. 变速箱;

9. 中央传动;10. 最终传动

一、发动机

发动机是整个拖拉机的动力装置,也是拖拉机的心脏,为拖拉机提供动力。凡是把某种形式的能量转变为机械能的装置都称为发动机,发动机因能源不同可分为风力发动机、水力发动机和热力发动机等。

拖拉机的发动机一般是直列式、水冷、四冲程柴油发动机。

二、底盘

底盘是拖拉机的骨架或支撑,是拖拉机上除发动机和电气设备外的所有装置的总称,它主要由传动系统、转向系统、行走系统、制动系统和工作装置组成。

(一)传动系统

传动系统的功用是将发动机的动力传给拖拉机的驱动轮,使拖拉机获得行驶的速度和牵引力,推动拖拉机前进、倒退和停车,图2-2所示为履带拖拉机传动系统简图。

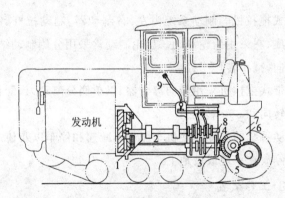

图2-2　履带拖拉机传动系统简图

1.离合器;2.联轴器;3.变速箱;4.从动轴;5.最终传动;

6.中央传动;7.后桥;8.主动轴;9.变速杆

(二)转向系统

拖拉机的转向系统由方向盘、转向器和一系列杆件组成;手扶拖拉机的转向系则采用牙嵌式离合器;履带式拖拉机的转向系统由转向离合器及操纵杆等机件组成。

转向系统的功能是控制和改变拖拉机的行驶方向。

（三）行走系统

行走系统的功用是支撑拖拉机的全部重量，并通过行走装置使拖拉机产生移动。拖拉机的行走装置有履带式和轮式两大类，履带式行走装置与地面的接触面积大，在松软或潮湿的土壤上面下陷较少并不容易打滑。轮式行走装置与地面的接触面积小，在松软或潮湿的土壤上面下陷较深，容易打滑。为增大接触面积、减少打滑现象，驱动轮直径常常选的较大，而轮胎的气压也较低。轮式行走装置又有橡胶充气轮胎和各种特制的铁制行走轮之分。

（四）制动机构

轮式拖拉机的制动系统由左、右制动器、制动拉杆、制动踏板等组成，它采用后轮制动。后轮制动常采用分侧制动结构，以协助转向，减小转弯半径。

履带式拖拉机采用转向离合器，以单侧分离动力，配合制动来实现转向和360°转向。

制动系统的功能是使机车能迅速减速和停车以及使之能够可靠地停放在平地或坡地上。

（五）工作装置

工作装置用于牵引、悬挂农具或通过动力输出轴向作业机具输出动力，以便完成田间作业、运输作业或农产品的加工等固定场所的作业，以扩大拖拉机的作业范围。工作装置包括液压悬挂装置、牵引装置和动力输出轴，有的拖拉机只配有液压悬挂装置和牵引装置，没有动力输出轴。

牵引装置和液压悬挂系统是用来把农机具挂接在拖拉机上

进行各种农田作业。

液压悬挂系统主要由液压泵、分配器、悬挂机构等组成,可以使农机具升降或自动调节耕深。

动力输出装置的功能是将拖拉机的动力输出,带动其他机械进行固定作业,或驱动农机具的某些工作部件进行田间作业。

三、电气设备

电气设备主要用来解决拖拉机的照明、信号及发动机的启动等,由发电设备、用电设备和配电设备3部分组成。

发电设备包括:蓄电池、发电机及调节器;用电设备包括:启动电机、照明灯、信号灯及各种仪表等;配电设备包括:配电器、导线、接线柱、开关和保险装置等。

第二节 驾驶基本要求与操纵机构的正确使用

一、基本要求

拖拉机的驾驶,要求驾驶员一要具有敏锐的观察能力;二要有准确、迅速的判断能力;三要有熟练的操作能力;四要有自觉的遵规守纪意识。

练就这些本领的关键在于掌握好基本操作要领,如发动机的启动、熄火,拖拉机的起步、行进、变速、转向、停车和转弯、掉头等;在于了解道路交通法律、法规的相关规定。

二、各主要操纵机构的正确使用

拖拉机的驾驶员,要树立高度的责任感,严格遵守道路交通法规和职业道德,开好文明车、安全车。

（一）正确的驾驶姿势

正确的驾驶姿势便于驾驶员自如地运用操纵机件,观察仪表和道路情况,减轻驾驶员的疲劳,确保正确、灵活、安全地进行驾驶操作。

驾驶操作前,应根据自身情况,将驾驶员座椅调整合适,一般调整至左脚掌能将离合器踏板踩到底;手臂伸直,手腕能按着转向盘时针的 12 时位置。

正确的驾驶姿势是:驾驶员对正方向盘坐稳,座位高度调整适当,姿势自然。腰背部紧靠座位的靠背,胸部稍挺,头部端正,肌肉放松;两手分别握住方向盘左右两侧,两眼向前平视,看远顾近,注意两旁;两膝分开,左脚放在离合器踏板下方,右脚以脚跟为支点放在油门踏板上,并兼顾制动。

（二）方向盘的正确使用

(1)操作方向盘式拖拉机时,身体对准方向盘坐稳,两手分别握稳方向盘边缘的左右两侧。四指由外向内握,拇指在内沿自然伸直靠住盘缘,左手应放在时钟 9～12 时的位置,右手放在时钟 3～4 时的位置,操作方向盘以左手为主,右手为辅。这样,当右手操纵其他机件时,左手仍能在一定范围内控制方向盘。

(2)在平直道路上使用方向盘时,方向盘握稳但不能握死,两手动作应平衡,相互配合,避免不必要的晃动,车辆转弯时,须根据转弯方向一手拉动,一手推动,方向哪里转,眼睛就应往哪里看,且方向盘的转动速度应与行驶速度相适应。

(3)车辆急转弯时,应两手交替推动方向盘,以加快转弯动作。两手交替快速转动方向盘时,动作要连贯、协调。

(4)在高低、凹凸不平的路面上行驶时,应紧握方向盘,以防止击伤自己的手,甚至造成行驶方向失控。

(5)转动方向盘时,用力不能太猛,不许原地硬打死方向,不许用两手不变换位置地断续推进方向盘;也不许用单手或双手集中在一处来掌握方向盘。需用一手操作其他机件时,允许短时间单手操纵转向盘,但绝不能双手同时离开方向盘。

(三)油门的正确使用

油门是控制发动机供油量大小,从而在小范围内调节拖拉机行驶速度的机构。驾驶员操纵油门时要注意以下几点。

(1)操纵油门的踏板时,用踝关节的伸屈动作踏下或放松踏板。踏下则发动机转速加快,放松则发动机转速减慢。

(2)对拖拉机负荷和机件的运行状态作出比较正确的判断,使用油门踏板应平稳,做到轻踏、缓抬,不宜过急。

(3)起步时,在放离合器的同时,逐渐加大油门。下坡时,不得加大油门,上坡时应提前加大油门,上陡坡时,应提前挂入低速挡,然后加大油门。

(4)车辆转弯时应提前减小油门。不允许用高速大油门;停车空转时,不要用大油门;熄火时不许轰大油门。不许用轰油门来当信号使用,以免加剧发动机机件的磨损和损坏。

(四)离合器的正确使用

离合器踏板是离合器操纵机件,用以控制发动机与传动系动力的连接或断开,便于拖拉机启动、起步、停车和换挡。离合器的使用应注意以下几点。

(1)使用离合器时,用左脚前半部(脚掌)踏在离合器的踏板上,以膝和脚关节的屈伸来踏下或放松离合器。

(2)踏下离合器时动作必须迅速,使离合器快速、彻底分离;而接合离合器时则应缓慢,使离合器接合平稳,柔和无冲击,待完全接合后,又应快速地松开踏板。

（3）行驶中，不得将脚放在离合器踏板上，不得用离合器半分离状的办法来控制车速，以免加速离合器的磨损。

（4）需较长时间停车时，应将变速杆放在空挡位置，然后接合离合器。

（5）发现离合器打滑，分离不彻底等故障时应及时排除，不准"带病"作业。

（五）变速杆的正确使用

驾驶员能否正确、及时、敏捷地换挡，对保护运动机件、提高工作效率、节约燃油及安全行车都有重要作用。换挡的基本目的是使准备啮合的两只齿轮的周围速度基本一致，再进入啮合，以避免撞击、打齿，造成发动机功率浪费。使用变速杆时，需注意以下几点。

（1）要熟练掌握挡位，换挡时，两眼应注视前方，一手握稳方向，另一手操纵变速杆，手脚配合要协调，动作要迅速、准确。

（2）换挡时，要正确运用油门和离合器，不得强推硬拉变速杆，以免使齿轮发生撞击。如车辆起步挂不上挡，可稍许接合离合器，再分离重挂，或将变速杆推入其他挡位，随即退出再挂。

（3）掌握好换挡时机。适时换挡，使换入的挡位与车速相适应。

（4）拖拉机从低速挡换入高速挡时，应先加大油门，提高车速，到车速适合换入高一挡时立即减小油门，分离离合器，将变速杆拨入高一级挡位，然后缓慢地接合离合器，同时逐渐加大油门，使拖拉机继续行驶。

（5）拖拉机从高速挡换入低速挡时，应采用"两脚离合器一脚油门法"，即先减小油门，降低车速，然后分离离合器，将变速杆挂入空挡后再接合离合器，加大油门，并再次分离离合器，迅速将变速杆换入低一级挡位；再次接合离合器，逐渐加大油门，使拖拉机继续行驶。

（6）拖拉机换挡，一般应逐级进行，但当车速已大大下降或下坡将要结束时，在不影响机件正常运转的情况下，允许超级换挡。

（7）拖拉机由前进挡换倒挡或由倒挡变前进挡时，必须先使车停稳，然后进行换挡。

（六）制动器的正确使用

1. 制动踏板的正确使用

正确、适当地运用制动器，能使拖拉机在最短的距离内安全地减速或停车而不损坏机件，使用制动器时，需注意以下几点。

（1）减速制动时，先减小油门，利用发动机产生的阻力来降低车速。同时间歇地踏下离合器和制动踏板，以使拖拉机进一步降低速度。

（2）在停车时，需先减小油门，在使离合器分离的同时踏下制动踏板。

（3）下坡、上坡时制动，应提前换入低速挡减小油门，充分利用发动机产生的阻力控制车速，并适时踏下制动踏板。

（4）紧急刹车时，应立即减小油门，同时迅速踏下制动踏板及离合器使离合器分离，迫使车辆在最短距离内停住。

（5）车辆在湿滑路段及沙石路段上应减速行驶，制动动作应缓和。当发动机转速明显降低时，才能分离离合器，使拖拉机缓慢停住。严禁紧急刹车，以防滑溜和侧滑。

2. 驻车制动器操纵杆的正确使用

驻车制动器操纵杆，又称手制动器操纵杆，供驻车时制动，以免车辆自行溜动。在行驶中遇到紧急情况要停车时，可以辅助脚制动，以增强整车的制动效果。在脚制动失效时，也可用手制动进行避险,辅助车辆停车,但不能代替脚制动。在坡道上起步时,通常用手制动配合,以阻止车辆溜动。

操作方法:用右手把制动杆向后拉紧,制动即起作用。解除制动时,先将杆体稍向后拉,然后用大拇指按下杆顶上的按钮,或用手掌压下杆把上的按钮,再将杆体向前推送到底,即解除制动作用。

第三节　驾驶基本操作

一、启动

(一)启动前的准备

(1)检查变速箱、发动机油底壳的油面,油量不足时应予以补充。

(2)检查各操纵机构是否灵活可靠。若不合要求,应进行调整。

(3)检查各主要连接部分的螺栓是否紧固,特别是转向、制动、驱动轮的螺栓螺母等,必要时应加以紧固。

(4)检查左、右轮胎气压是否充足,并保持一致。

(5)添加柴油。

(6)加水,用清洁软水加入水箱,冬季应加热水,以利于启动。

(7)向各润滑点加注润滑油。

(二)启动

(1)拉紧驱动制动器,将变速杆放在空挡位置。

(2)用热水预热发动机,发动机温度达到 30～40℃。

(3)踏下离合器踏板,并稍踏油门踏板。

(4)打开减压机构,打开电门开关启动,待曲轴达到一定转速后,放下减压手柄即可启动。用启动机启动时,每次使用时间不应超过5s,再次使用时需停15s左右,连续启动不得超过3次。

(5)启动后应让发动机中速空转5~10 min,松抬离合器踏板,并倾听发动机声音正常,水温达到40℃以上才能挂挡起步。

另外,要注意尽量不要利用斜坡启动,因为斜坡启动是靠轮胎转动来带动发动机的,会增加轮胎磨损。同时斜坡启动会使传动零件承受冲击负荷,容易引起传动齿轮、离合器或曲轴损坏。此外,下坡启动会使润滑油来不及送至摩擦表面,从而增加摩擦件的磨损。

二、起步

起步操作时,驾驶姿势要端正、自然,注意环视车辆四周情况,确认无其他人员或障碍时,发出起步信号(打开转向灯和喇叭),然后将变速杆挂入低速挡,解除驱动制动器,缓慢地使离合器接合,同时逐渐加大油门,以克服起步阻力,防止发动机熄火或冲击,使拖拉机平稳起步。在上坡起步时,要在放松制动器的同时,缓慢平稳地使离合器接合。当离合器开始接合时(发动机声音变沉闷时),立即完全放松制动器、离合器,并逐步加大油门,使拖拉机平稳起步。离合器、制动器、油门三者之间必须协调一致,否则容易造成溜坡或熄火。

拖拉机在冰雪或泥泞的道路上起步,如驱动轮打滑,应清除轮下的冰雪、泥浆,然后铺上沙石或垫上秸秆。

三、停车

一般的停车,先减少油门,采用预见性制动,降低车速,打开右转向灯,逐渐靠右行驶,接近预定的停车点,踏下离合器踏板,滑至停车点时,踏下制动踏板,平稳地停车。

(一)平地停车

应预先减小油门,将离合器分离,待拖拉机滑行至停车地点时,脚踩制动器即可停车。停车后,将变速杆放在空挡位置,松抬离合器踏板,拉紧手制动器。

(二)坡上停车

一般情况下,不要在斜坡上停车,如因特殊情况需要停车时,应将拖拉机处于制动状态,并在轮胎前后塞上三角木。如熄火停车,则应将拖拉机挂上挡位:上坡车应挂前进低速挡,下坡车挂上倒挡,以免溜坡造成事故。拖拉机不熄火停车时,驾驶员不能远离。

(三)紧急停车

驾驶员右脚松抬油门踏板,立即踩住制动踏板,拖拉机即可迅速停车。一般情况下,不能猛刹车,如果一次刹车不好就应连续刹几次,因为猛刹车不仅对驾驶员很不安全,而且会使拖拉机部分零件的变速轴等受冲击应力而扭歪,传动零件也容易损坏。

四、各种特殊环境下的安全驾驶

特殊的气候与环境下驾驶时,需根据气候与环境的不同作适当的技术调整。

(1)雨天。下雨时往往天气阴沉、能见度低,且地面上水多易打滑,制动性能差,因此,一定要低速行驶。湿刹车时,切不可长时间一脚踩死,以防侧滑。如遇大雨大雾天,还应打开防雾灯和车辆示宽灯。

(2)风雪交加的冬天。由于地面积雪结冰,容易打滑,开车时应做到不急转弯,不经常换挡、停车和起步,不紧急刹车,不高速行驶,最好采用低速平稳行驶。

(3)炎夏天气。气温高且昼长夜短,因此驾驶员要注意有足够的休息时间,防止开车犯困而出事故;高温机车散热困难,机体温度较高,使润滑油变稀而增加机件磨损,必须注意增加保养内容及缩短保养周期。

特殊路面路况不同,驾驶的技术要求也应有所不同,需作适当的调整。

(1)泥泞路面。一是注意防陷,不可反复前进或后退,以防愈陷愈深;二是注意减速通行,并不要太靠近路边或沟边,防止侧滑;三是不允许急转弯或急刹车。

(2)涉水行驶。首先要选择好行车路线,选择流量小、水位低、路基紧实平整的路线。行驶时,要提前挂低挡,加大油门,缓慢通过,中途不能变速,不能停车,不要减油门,以免发动机熄火而使启动困难。

(3)坡道行驶。分上坡、下坡和横坡行驶。

上坡行驶:注意防止溜坡或翻车,上坡前,要根据坡度、坡长或载重情况,选择适当的速度,尽量避免中途换挡。一般以选择低挡、大油门稳当行驶为好。

下坡行驶:拖拉机下坡时,绝对不能挂空挡溜坡滑行,严禁中途换挡和紧急刹车。正确的做法是:在下坡之前选择好低挡、小油门,靠发动机的低速运转来牵制拖拉机的行驶速度,不让拖拉机高速下行。

横坡行驶:在横坡上行驶时,一是要挂低挡,使拖拉机保持均匀地慢速前进;二是要注意选择好行驶路线与方向,操作时要把稳方向,少在坡地上打转向,尽量避免打死方向,一旦出现突然情况需要调整方向时,不要向上坡方向转动,以免造成翻车。

(4)险峻的山区弯道与狭路行驶。险峻弯道与狭路是指路幅宽度受到限制的急弯狭路,大都地势险峻,靠内侧一边是岩石,外侧一边临险崖陡壁。通过时,货物装载凡是影响车宽的外伸部分要尽量消除或改善。行驶中,注意力要侧重于路面,并注意观察交通标志,不要无故地窥视崖下的深度,以免分散注意力影响行车安全。

临近弯道时,要注意行驶路线,还要观察路基边缘是否坚实可靠,在陡坡转弯要及早换入足够动力的挡位,以利双手有效地操纵方向盘。发现前方来车时,立即考虑会车条件,有障碍方应主动选择安全会车地段,及早停车。

第四节　驾驶训练

一、场地驾驶训练

拖拉机驾驶是一门专业技术。要成为一名合格的驾驶员,必须经过严格的技术培训和实地训练。场内训练主要是在有一定设施和障碍的场地内训练学员对车辆发动、起步、转向、倒车、制动、停车和通过障碍等方面的基本操作技术。通过学习、训练,培养学员的判断能力、目测能力及适应环境的能力。

场内驾驶要求驾驶员对自己所驾驶车辆的技术参数十分熟悉,能正确判断车身前后左右边缘及轮胎的位置,掌握机动车转向时车身的运动规律。要求驾驶员对驾驶的机动车各部分位置有准确了解,这样才能在驾驶机动车时,准确判断并控制车辆的位置,正确选择安全通道。

场内式样驾驶图与行驶路线如图 2-3 所示。

现行场考图示能够鉴别驾驶员对拖拉机掌握的熟练程度及目测判断能力,同时还能为驾驶员能否进入下一阶段的技术考

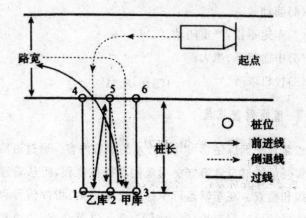

图 2-3 场地式样驾驶路线

核提供依据。

场地训练必须在教练员的指导下开展,主要训练内容如下:

(1)掌握正确的驾驶姿势。

(2)掌握平稳起步的要领。

(3)掌握车辆行驶路线(必须按规定路线穿桩)。

(4)熟练掌握方向,不打死方向,根据目测不使车身任何部位出线、碰桩。

(5)掌握车速,熟练控制油门,使车速平稳,不中途停车、熄火。

(6)熟悉掌握离合器使用技术,接合要平稳,分离要彻底。

(7)掌握停车要领,下车时关掉电门,拉紧手制动器。

场内考试成绩评定标准:有下列情况之一者为不合格。

(1)未按规定路线行驶。

(2)移库不入。

(3)碰桩。

(4)车身任何部位出线。

(5)原地打死方向。

(6)溜动。

(7)车速不稳,严重闯动。

(8)中途停车、熄火。

(9)投机取巧。

二、道路驾驶训练

道路驾驶训练是学习驾驶技术的最后内容。通过道路训练要求驾驶员能够自觉遵守交通规则和操作规程,听从管理人员的指挥和检查。在车辆运行中针对交通规则、指挥信号和标志杆线能灵活地进行起步、制动倒车、调头以及会车、变速和停靠等,提高应变能力和判断能力。

道路驾驶训练的道路选择。首先应能满足道路驾驶考核的要求。通常情况下考虑路线内要通过城(村)镇街道和公路,以使驾驶员熟练掌握街道和公路两种交通环境下的驾驶技术,掌握通过障碍的能力以及判断和应变预防能力。在线路的选择上应有直线线路、平路、弯路、坡路等,训练路线长度应以 2 km 左右为宜。

道路训练时必须在教练员随车指导下进行。主要训练内容有:

(1)上车起步。先将拖拉机发动,并观察车辆运转情况,认为无异常后上车,坐姿要端正。在起步前必须仔细观察车辆周围情况,在无妨害行车障碍物的情况下,发出转向信号,挂上低速挡,解除制动锁,放松离合器,并适当加大油门。要求起步平稳,无车闯情况发生。

(2)换挡。起步后换挡要及时。训练时,起步后加速必须逐级加挡,减速时必须逐级减挡。动作要协调、迅速,目视前方。避免发生齿响、换错挡、重闯及方向游动等情况。

(3)上坡停车起步。上坡停车前必须先发出右转向信号,到目标点时制动停车,并将手制动拉紧。上坡起步时,先打开左转向灯、鸣号,踏下离合器踏板,挂上低速挡,缓慢接合离合器,适当加大油门,松开手制动器,三者协调配合,使车辆平稳起步,驶入主车道后,关掉转向灯。

(4)转弯和调头。训练中,遇到转弯和调头时,必须环顾周围情况,并提前发出转向信号,同时应选择较好的路面和地段进行。调头一般为一进一退,即一次前进、一次倒退完成调头。调头过程中必须熟练掌握方向。

(5)会车。会车前,应看清对方行车的速度、车型及装载情况,根据道路的宽窄、视线好坏、交通情况适时调整自己的车速,在没有划中心线的道路和窄路、窄桥,应该礼让,自觉做到"先慢、先让、先停",选择适当会车地点靠道路右边通过。当对面已来车,而自己前右侧有同向而行的非机动车或障碍物时,须根据各车离障碍的距离、速度及道路情况,决定加速越过或减速等待,避免在障碍处会车。也应避免不必要的停车交会。

(6)超车。超车前,应观察前方道路是否具备超越条件,若允许,先打左转向灯,观察后视镜是否有后车超越,驶入超车道,向前车左侧接近,到 20～30 m 处鸣喇叭,夜间使用近远光变换示意,待前车让路减速后从左边超越。超越后打右转向灯,在不妨碍被超车辆正常行驶的情况下,驶入正常行驶路线。

超车时,注意力要高度集中,不仅要控制好自己车辆的速度、方向,而且要随时注意被超车辆的动态,还要观察道路上行人、障碍物和其他车辆的动态变化,如果发生突发情况,应及时采取减速避让措施或减速尾随被超车辆,待有机会再重新超车,但要慎用紧急制动,避免猛打方向盘使车辆失控发生碰撞。若被超车前方右侧有障碍或前车没有让路及迎面来车等情况不能强行超车。超车过程中要正确估计各车速度,特别是迎面来车时。

(7)让超车。行驶中,应注意后面有无车辆尾随,发现有车要求超越时,即估计道路及交通情况,要减速让路,并开右转向灯,必要时用手势示意后车超越,不得无故不让路不减速。若前方有非机动车或障碍物不能被超越时,应开左转向灯驶在路中,示意后车不能超越。在让超车过程中,若发现右前方有障碍,不能突然左转方向绕越障碍,以免发生事故,应急剧减速,甚至停车待超。让车后,应注意后视镜,在确定无其他车辆接连超越时,再驶入正常行驶路线。若遇对面前方有超车,而与我车相逼近时,也须减速让车,有理也得让人,给人方便,确保安全。

第五节 拖拉机常见故障分析与排除

拖拉机发生故障后,应及时查明原因,予以排除。若"带病"运转,不仅会使拖拉机的动力性、经济性下降,操作性能变坏,而且将大大缩短拖拉机的使用寿命,甚至发生重大事故,造成不必要的损失,危及人身安全。

一、概述

(一)故障产生的原因

形成故障的原因是多方面的,但归结起来就是自然因素和人为因素两大类。自然因素是指拖拉机在长期使用中,由于配合件之间的相互摩擦,高温、负荷、腐蚀、振动等造成的零件磨损、疲劳、腐蚀、老化以及紧固件的松脱等,这在拖拉机全部使用过程中必然存在,是符合自然规律的,虽然无法完全消除和避免,但人们可以通过采取一些技术措施来减轻其作用强度。人为因素是指人们在使用拖拉机过程中,由于经验不足、使用操作不当、修理维护保养不当,以及拖拉机本身设计制造不良、零部件质量低劣等原因,造成拖拉机出现非正常性的故障,这是应当而且能够避免和消除的。

（二）故障发生的征象

拖拉机在使用过程中出现的各种故障,会表现出各种征象,以利于人们及早发现。有时一个故障仅有一种征象,如发动机漏水;有时一个故障会出现几个征象,或者一个征象可能由几个不同的故障引起的,如柴油机冒黑烟,可能是空气滤清器堵塞或气门间隙过大或供油量过大或供油时间过迟或负荷过重等原因引起的。因此,要正确地找出故障的部位和产生故障的原因,必须抓住故障表现出来的具有可听、可见、可嗅、可触摸和可测量的性质的征象作进一步分析,这些征象的表现大致分为以下几种。

（1）作用反常。拖拉机各个系统担负着不同的作用,当各系统工作正常时,整机才能正常工作。当某系统的工作能力下降或功能丧失,导致整机不能正常工作时,即说明该系统功能出现问题,如转向困难、离合器分离不清、发动机功率不足、转速不稳、机油压力过低、制动失灵等。

（2）温度反常。拖拉机正常工作时,水温、油温以及排气温度均应保持在规定的范围内,若温度过高,发动机机体、轴承、制动器、发电机等将发生过热现象。

（3）声音反常。拖拉机正常工作时,不应出现反常的敲击声、放炮声、振动声以及不该发声部位发出声音等。

（4）消耗反常。柴油、机油以及冷却水等消耗过量。还有一种情况,有的物质应在消耗中减少的,不但不减少反而增加,如油底壳内机油油面升高等。

（5）气味反常。如排气时带有燃烧不完全的油味,橡胶、绝缘材料的焦煳味,柴油、机油蒸发的油味等。

（6）外观反常。如漏油、漏水、漏电、漏气以及排气冒黑烟、白烟、蓝烟等,还有拖拉机摆动、颤动、连接松动、错位、变形、破损等。

二、发动机常见故障及排除方法

发动机常见故障约占拖拉机全车故障的一半以上,故障特征形形色色,按其性质可分为电路故障、油路故障和机械故障三大类。

(一)发动机启动困难或不能启动

如表2-1所示。

表2-1　发动机启动困难或不能启动

故障现象	故障分析	排除方法
发动机启动困难或不能启动	1. 燃油供给系统出现故障 (1)油箱内无油或油箱开关未打开 (2)油路中有空气 (3)油管或柴油滤清器堵塞 (4)喷油泵柱塞副或出油阀副磨损严重或卡死 (5)柱塞弹簧折断 (6)喷油器工作不正常 (7)气温过低、柴油黏度过大 2. 压缩不良 (1)气门间隙不正确 (2)气门弹簧折断而引起漏气 (3)气门座圈烧蚀、偏磨或有积炭而引发漏气 (4)气缸套、活塞、活塞环磨损过大或活塞环口对准在一条线上 (5)活塞环胶结 (6)气缸垫漏气或缸盖螺母松动 (7)减压间隙不正确 3. 供油提前角不正确 4. 电器设备故障主要是电路连接、启动机故障,蓄电池电力不足等	1. 燃油供给系统出现故障 (1)向油箱内加入足量的柴油,打开油箱开关 (2)排除管路中空气,检查各接头处是否漏油漏气,紧固渗漏部位 (3)清除管路中堵塞物,清洗柴油滤清器 (4)检查柱塞副、出油阀副,必要时更换 (5)更换柱塞弹簧 (6)拆解喷油器,清除积炭,清洗针阀,调整喷油压力或换新件 (7)预热柴油机,检查柴油是否符合该季节使用,不符合应更换 2. 压缩不良 (1)调整气门间隙至规定值 (2)更换气门弹簧 (3)清除积炭,研磨气门或更换新件 (4)更换缸套、活塞、活塞环或调换活塞环口位置 (5)清除活塞环积炭,进行重新安装 (6)更换气缸垫,均匀拧紧缸盖螺母(对角交叉) (7)调整减压间隙至规定值,检查并修复 3. 增减泵体下调整垫片厚度(单体)或用转动泵体的方法予以调整 4. 用万用电表逐段检查排除,必要时更新

（二）发动机功率不足

发动机功率不足的故障分析与排除方法如表2-2所示。

表2-2 发动机功率不足

故障现象	故障分析	排除方法
发动机功率不足	1. 空气滤清器堵塞，进气量不足	1. 清洗空气滤清器
	2. 排气管消声器堵塞	2. 排除排气管消声器积炭
	3. 柴油滤清器堵塞	3. 清洗柴油滤清器，必要时更换滤芯
	4. 喷油器雾化不良	4. 清除喷油器积炭，清洗、调整或更换喷油器偶件
	5. 供油时间不正确	5. 调整供油提前角
	6. 气缸密封不严，压缩力不够	6. 研磨或更换气门磨损零件，调整气门间隙和减压间隙
	7. 柱塞副、出油阀副磨损，漏油增多，造成供油量不足，喷油不干脆	7. 检修或更换柱塞副、出油阀副偶件
	8. 操纵机构不能将喷油泵负荷操纵臂推到最大供油位置，如油门踏板销松旷、油门踏板和拉杆长度不合适等	8. 检查油门踏板销轴，调整拉杆长度

（三）发动机大量冒烟

柴油机正常无故障时，排气管排出的烟气应该是无色或淡灰色的，偶尔有瞬时冒黑烟现象（如负载较重或爬坡时），长时间冒黑烟、白烟或蓝烟，则是不正常的（表2-3）。

表 2-3 发动机大量冒烟故障排除

故障现象	故障分析	排除方法
排气管冒白烟	1. 柴油中有水 2. 发动机过冷 3. 喷油器雾化不良 4. 气缸套或汽缸盖损坏漏水	1. 清除油箱和油路中的水分,如有必要,更换柴油 2. 运行一段时间后,机温升高,白烟自行消失 3. 清洗或更换喷油器,调整喷油压力 4. 更换气缸垫、气缸套或气缸盖
发动机冒黑烟	1. 超负荷工作 2. 供油时间太迟 3. 供油量太大 4. 喷油器雾化不良或滴油 5. 进、排气管堵塞,造成进气不足、排气不尽 6. 气门、缸套、活塞及活塞环磨损漏气	1. 减轻负荷 2. 调整供油提前角 3. 调整油泵供油量 4. 清除喷油器积炭,调整喷油压力或更换新件 5. 清洗空气滤清器,清除排气管消声器积炭 6. 研磨气门,修复或更换缸套、活塞、活塞环,并正确装配
排气管冒蓝烟	1. 油底壳油面过高 2. 油环严重积炭或卡死而失去刮油作用 3. 活塞环、气缸套磨损过大,活塞环弹性不足或环口转到同一方向,造成机油上蹿 4. 气门导管和气门杆配合间隙过大,机油被吸入缸套内 5. 空气滤清器油盘油面过高	1. 放出油底壳多余的机油 2. 更换油环 3. 更换活塞环、气缸套等,并重新调整活塞环的位置 4. 更换气门导管 5. 减少油盘机油

（四）发动机突然自行熄火

如表2-4所示。

表2-4　发动机突然自行熄火故障排除

故障现象	故障分析	排除方法
发动机突然自行熄火	1. 油箱内柴油用尽 2. 柴油滤清器或油路堵塞 3. 油料中有较多空气 4. 喷油器针阀咬死,喷孔堵塞 5. 摇臂、摇臂座断裂或摇臂座螺母松动脱落 6. 活塞咬死。活塞与缸套间隙不对或发动机过热 7. 烧轴瓦。由于润滑油不足或润滑不良,导致烧轴瓦抱轴	1. 加足柴油 2. 清洗滤清器或更换滤芯,检查油路 3. 排除油路中的空气 4. 检查、清洗、修复或更换喷油器偶件 5. 检修或更换摇臂零件 6. 拆开活塞、缸套部分,进行检修 7. 更换轴瓦,清洗润滑油路或加足润滑油

（五）发动机"飞车"

发动机"飞车"就是发动机转速突然升高,并且越来越高,失去控制,排气管大量冒黑烟,同时发动机伴有很强的噪音。遇此情况,必须采取紧急措施停车,应立即切断油路,将减压手柄扳到减压位置,或堵塞进气道（注意,减压与堵进气道不可同时进行）,迫使发动机熄火（表2-5）。

表2-5　发动机"飞车"故障排除

故障现象	故障分析	排除方法
发动机"飞车"	1. 调速器失灵 2. 油泵安装不正确,油泵齿杆凸耳未插入调速器杆槽内 3. 调速杠杆折断 4. 空气滤清器或油底壳内机油过多 5. 油泵齿杆卡死在最大供油位置	1. 查明原因,予以排除 2. 应重新安装 3. 应予更换 4. 放出多余机油 5. 修复或更换

（六）发动机转速不稳（俗称"游车"）

发动机转速不稳的故障分析与排除方法如表2-6所示。

表2-6　发动机转速不稳故障排除

故障现象	故障分析	排除方法
发动机转速不稳	1. 油路中有少量空气,造成供油不均	1. 放出油路中空气
	2. 喷油器工作不正常,雾化不良、滴油或针阀阻滞活动不灵敏	2. 拆洗喷油器偶件或更换新偶件
	3. 更换出油阀副	3. 出油阀副磨损,造成供油不均
	4. 调速器各连接处磨损或内部机件配合过紧	4. 检修调速器

（七）发动机过热

发动机过热表现为:机体温度过高,冷却水消耗过快,严重时排气管冒火星,发动机无力等（表2-7）。

表2-7　发动机过热故障排除

故障现象	故障分析	排除方法
发动机过热	1. 冷却水量不足	1. 添加冷却水
	2. 水箱及水道内水垢过多,散热不良	2. 清洗水箱及水道
	3. 供油时间过迟	3. 调整供油时间
	4. 润滑油不足或太脏	4. 添加或更换润滑油
	5. 气门间隙过小	5. 调整气门间隙
	6. 气门密封性差,漏气	6. 研磨或更换气门
	7. 柴油机超负荷工作	7. 减轻负荷

（八）发动机异响

柴油机在工作中,由于各机构、总成和系统因磨损、零件破损、固定松动等诸多原因,在工作中会产生不同寻常的声响。常见的有:连杆瓦异响、主轴瓦异响、活塞敲缸声、活塞销异响、活塞环异响、气门异响、气门弹簧异响、气门挺杆异响、凸轮轴异响、正时齿轮异响等。这需要驾驶员熟悉发动机构造和原理,在实践中积累经验,掌握判别故障的方法,及时有效地发现并排除故障(表2-8)。

表2-8　发动机异响故障排除

故障部位	故障现象	故障分析	排除方法
气缸盖部位,发动机无明显振动	清脆、连续不断的哒哒声	气门间隙过大	按规定值重新调整
	明显的金属撞击声	1. 减压间隙过小 2. 气门碰活塞顶	1.调整减压间隙 2.检查校正配气相位
发动机中部,发动机略有振动	清脆的敲击声	供油时间过早	按规定值调整
	低沉的敲击声,同时排气管冒黑烟	供油时间太迟	按规定值调整
	低速时响声不明显,随转速升高,发出均匀有力的敲击声	喷油压力过大而引发早燃现象	调整喷油压力至规定值
	上下止点附近,响声轻微而尖锐,低速时响声更清脆	连杆衬套间隙过大	更换新件
	若冷车时响声较明显,机体温度升高后响声减弱或消失	气缸间隙过大	更换新件
发动机后部,发动机振动较大	发动机转速突然降低时,听到低沉而有力的撞击声	连杆轴瓦间隙过大	更换新件
发动机后部,发动机振动较大	减压时摇转曲轴无异响,在放松减压手柄的瞬间则发出明显的撞击声	飞轮松动	检查飞轮,重新拧紧飞轮螺母
	后部发出"哗啦哗啦"的噪声	平衡轴轴承损坏	更换轴承
	齿轮室附近有明显的声响,并随转速升高而增强	齿轮齿侧间隙过大	检查、修复或更换齿轮
	飞轮旁边有"呼啦呼啦"的响声	飞轮主轴承损坏	更换飞轮主轴承

(九)机油消耗量过大

如表 2 - 9 所示。

表 2 - 9　机油消耗量过大故障排除

故障现象	故障分析	排除方法
机油渗漏	1. 放油螺塞松动 2. 油底壳破裂 3. 曲轴油封损坏,主轴承盖、油底壳等处纸垫损坏,密封不严 4. 机油油路漏油,油管破裂,缸盖罩壳垫片、齿轮室垫片、油底壳垫片或后盖垫片损坏	1. 拧紧 2. 修复或更换油底壳 3. 更换油封及纸垫 4. 修复或更换
发动机烧机油	1. 活塞环装反,活塞环磨损,边间隙、开口间隙过大 2. 活塞环卡死在槽内 3. 活塞与缸套间隙过大 4. 气门导管严重磨损	1. 正确装配或更换活塞环 2. 清除积炭,更换活塞环 3. 更换活塞或缸套 4. 更换气门导管

(十)油底壳机油油面升高

如表 2 - 10 所示。

表 2 - 10　油底壳机油油面升高故障排除

故障现象	故障分析	排除方法
漏水	1. 气缸套阻水圈损坏 2. 气缸盖或机体有裂纹 3. 气缸盖闷头松动 4. 气缸盖垫片局部烧损	1. 更换阻水圈 2. 修复或更换 3. 紧固或更换 4. 更换垫片
漏柴油*	1. 柱塞套和泵体内腔的环形平台接触不良 2. 柴油箱开关底座处漏油,从调速杆处渗入齿轮室	1. 专用垫片或更换新件 2. 检查并排除

　*机油为灰色或乳白色,即为漏水;若把几滴变稀的机油放在水里,水面上出现绿色的油膜时,即为漏柴油。

（十一）机油压力过高

如表 2-11 所示。

表 2-11　机油压力过高故障排除

故障现象	故障分析	排除方法
机油压力过高	1. 机油的黏度过大 2. 限压阀调整不当 3. 新装配的发动机曲轴轴承或连杆轴承间隙过小 4. 气缸体主油道堵塞 5. 机油滤清器滤芯堵塞 6. 机油压力表失准或传感器失效	1. 检查更换 2. 调整减压阀减压弹簧 3. 检查曲轴轴承和连杆轴承间隙 4. 检查缸体主油道是否堵塞 5. 检查机油滤清器滤芯是否堵塞，旁通阀弹簧是否过软 6. 用新压力表、传感器和旧件进行对比试验，检查旧件是否失效

（十二）机油压力过低

如表 2-12 所示。

表 2-12　机油压力过低故障排除

故障现象	故障分析	排除方法
机油压力过低	1. 油量不足，黏度过低、变质 2. 柴油或冷却水进入油底壳 3. 机油泵工作不正常 4. 机油滤清器堵塞或渗漏 5. 限压阀调整弹簧弹力调节过低，或弹簧折断 6. 油管接头松动或油管破裂漏油，油道严重泄漏 7. 发动机曲轴轴承或连杆轴承间隙过大，或凸轮轴轴承间隙过大 8. 机油压力表失准或传感器失效	1. 补足或更换机油 2. 检查机油是否有水分，若有，进一步检查并排除，并更换新机油 3. 检修机油泵 4. 排除机油滤清器故障（清洗滤芯或更换） 5. 调整或更换弹簧 6. 紧固或更换油管等 7. 检查并修复 8. 检查并修复或更换压力表或传感器

三、底盘常见故障及排除方法

(一)离合器常见故障与排除方法

如表 2-13 所示。

表 2-13　离合器常见故障排除

故障现象	故障分析	排除方法
离合器打滑	1. 分离杠杆与分离轴承间隙过小 2. 离合器踏板自由行程过小 3. 摩擦片磨损变薄,露出铆钉 4. 离合器摩擦片黏附油污 5. 离合器压盘弹簧变形过软或折断	1. 调整间隙 2. 调整间隙 3. 更换摩擦片 4. 清除摩擦片油污 5. 更换弹簧
离合器分离不彻底	1. 踏板自由行程过大 2. 分离间隙过大 3. 从动盘翘曲,铆钉松脱或摩擦片破碎 4. 3 个分离杠杆内端面高度不在同一平面 5. 从动盘方向装反	1. 调整自由行程 2. 调整分离间隙 3. 校正或更换从动盘 4. 调整分离间隙 5. 重新安装从动盘
离合器发热或异响	1. 分离轴承润滑不良、损坏或不转动 2. 离合器踏板无自由行程 3. 离合器压盘弹簧弹力不足或折断 4. 从动盘摩擦片破裂、铆钉松动或外露 5. 变速器轴承损坏	1. 添加黄油或更换分离轴承 2. 调整踏板自由行程 3. 更换离合器压盘弹簧 4. 更换从动盘摩擦片 5. 更换变速器轴承

（二）变速器常见故障与排除方法

如表 2 - 14 所示。

表 2 - 14　变速器常见故障排除

故障现象	故障分析	排除方法
跳挡	1. 钢球或拨叉轴定位槽严重磨损 2. 锁定弹簧折断或弹力不足 3. 齿轮轮齿磨损变尖 4. 拨叉端面磨损严重 5. 变速操纵杆与拨叉要求的位置不对应	1. 更换钢球,修复或更换拨叉轴 2. 更换弹簧 3. 更换齿轮 4. 更换拨叉 5. 重新正确安装调整
挂挡困难	1. 离合器分离不彻底 2. 变速杆紧固螺帽松动 3. 拨叉轴环槽磨损出现台阶,使定位钢球卡死 4. 变速杆扭弯 5. 齿轮齿端倒角面有碰毛、磨损或卷边 6. 互锁柱销脱出或损坏	1. 调整离合器 2. 紧固螺母 3. 更换新件 4. 校正变速杆 5. 更换齿轮 6. 修复或更换互锁柱销
乱挡	1. 变速杆下端球头严重磨损 2. 拨叉凹槽严重磨损 3. 互锁机构失灵 4. 规定齿轮或轴的卡簧未装或退出	1. 更换新件 2. 更换新件 3. 修复或更换新件 4. 重新正确安装
变速箱异响	1. 齿轮齿面或齿端有毛刺 2. 齿轮过度磨损,齿侧间隙大 3. 轴承松旷、损坏 4. 齿轮轮齿缺损、剥落或断裂变形 5. 润滑油不足或变质、型号不对 6. 变速器壳体内有异物	1. 修去毛刺 2. 更换齿轮 3. 更换轴承 4. 更换齿轮 5. 添加润滑油或更换润滑油 6. 拆检变速器排除异物
变速箱漏油	1. 油封损坏、失效或方向装反 2. 纸垫损坏或轴承盖螺栓松动 3. 变速箱盖油塞通气孔堵塞 4. 加油过多 5. 箱体裂纹	1. 更换或重新安装 2. 更换纸垫或紧固螺栓 3. 疏通通气孔 4. 放出多余润滑油 5. 焊补或更换箱体

（三）传动轴常见故障与排除方法

如表 2-15 所示。

表 2-15　传动轴常见故障排除

故障原因	排除方法
1. 万向节十字轴、滚针轴承及凸缘叉严重磨损	1. 拆检并更换磨损部件
2. 传动轴平衡块脱落	2. 做动平衡检测并修复
3. 传动轴弯曲变形	3. 校正或更换传动轴
4. 各凸缘连接螺栓松动	4. 紧固各螺栓
5. 装配记号未对准	5. 重新正确安装

（四）转向机构常见故障与排除方法

如表 2-16 所示。

表 2-16　转向机构常见故障排除

故障现象	故障分析	排除方法
转向沉重	1. 转向器及各节球销润滑不良	1. 加润滑油及加注润滑脂
	2. 向横纵拉杆、转向节臂变形	2. 校正修复
	3. 前轮气压过低	3. 充至规定气压
	4. 转向节轴承及主销缺油	4. 加注润滑脂
	5. 各球销及前轴承缺油	5. 加注润滑脂
转向失灵	1. 转向器损坏	1. 检修或更换
	2. 横、直拉杆球头销松脱或断裂	2. 紧固或换件
	3. 各传动件磨损严重	3. 调整间隙或换件
前轮摇摆及跳动	1. 前轴变形	1. 校正或更换
	2. 前束调整不当	2. 调整前束
	3. 主销与套配合松动	3. 调整或换件
	4. 转向横直拉杆松动或连接部位磨损	4. 紧固或换件
	5. 前轮轮毂轴承损坏	5. 更换轴承

(五)行走系统常见故障与排除方法

如表 2-17 所示。

表 2-17　行走系统常见故障排除

故障现象	故障分析	排除方法
后桥异响	1. 主减速器润滑油不足或变质 2. 螺旋行星齿轮啮合印痕不正确,啮合间隙过大或过小 3. 差速器轴承磨损或损坏 4. 差速器十字轴磨损 5. 半轴齿轮止推垫片磨损 6. 半轴齿轮花键磨损 7. 齿轮严重磨损或齿面剥落	1. 加注或更换润滑油 2. 按规定重新调整或更换齿轮 3. 更换差速器轴承 4. 更换新件 5. 更换垫片 6. 修复或更换新件 7. 更换齿轮
后桥过热	1. 主、从动齿轮啮合间隙太小 2. 润滑油不足或变质 3. 差速器轴承预紧度太大 4. 主动齿轮轴承预紧度太大	1. 重新调整啮合间隙 2. 加注或更换润滑油 3. 调整差速器轴承间隙 4. 调整轴承间隙
后桥漏油	1. 主减速器润滑油过多 2. 主减速器螺栓未拧紧 3. 通气孔堵塞 4. 密封垫或油封损坏或安装不正确	1. 放出多余润滑油 2. 紧固螺栓 3. 排除通气孔堵塞 4. 更换或重新安装
钢板弹簧有响声或折断	1. 装载过重或偏位 2. 在不平坦道路上高速行驶 3. 钢板弹簧之间缺少石墨润滑脂 4. "U"形螺栓松动	1. 不超载,装载均匀 2. 车速不要过高 3. 加注石墨润滑脂 4. 紧固螺栓
车轮过度磨损	1. 前轮前束不对 2. 轮胎气压不足 3. 轮毂轴承松动 4. 装载超重或偏位 5. 紧急制动使用过多	1. 调整前轮前束 2. 充足至标准气压 3. 调整轴承间隙 4. 正确装载,不超重 5. 尽量少用紧急制动

（六）制动系统常见故障及排除方法

如表 2 - 18 所示。

表 2 - 18　制动系统常见故障排除

故障现象	故障分析	排除方法
制动失灵	1. 制动总泵内制动液不足 2. 制动皮碗损坏或老化 3. 制动油管老化、破裂或接头处漏油 4. 制动管路中有空气 5. 制动踏板行程过大 6. 摩擦片与制动毂间隙过大或接触不良 7. 摩擦片过度磨损，有油污、铆钉露头	1. 加足制动液 2. 更换制动皮碗 3. 更换或紧固 4. 排除管路中空气 5. 调整制动踏板行程 6. 调整间隙 7. 更换摩擦片或清除油污
制动跑偏	1. 各轮毂与蹄片间隙不一致，接触面积不均匀 2. 某一制动分泵的皮圈卡死 3. 个别摩擦片有油污、硬化或铆钉露头现象 4. 各轮胎气压不一致 5. 个别制动毂变形失圆	1. 调整间隙 2. 修复或更换 3. 清洗或更换摩擦片 4. 按规定充足气压，保持各胎相同 5. 修理或更换
制动毂发热	1. 制动毂与摩擦片间隙过小 2. 制动器回位弹簧过弱 3. 制动毂皮碗发胀卡住	1. 调整间隙 2. 更换弹簧 3. 更换皮碗
手制动失灵	1. 制动盘与摩擦片间隙过大或偏移 2. 摩擦片磨损过度 3. 制动盘有油污 4. 手制动蹄销过度磨损 5. 手制动拉杆行程过长	1. 调整间隙，校正偏移 2. 更换摩擦片 3. 清除制动盘油污 4. 更换新件 5. 调整拉杆行程
手制动在行车中异响	1. 手制动盘松动 2. 变速箱凸缘花键孔松旷或凸缘螺母松动 3. 摩擦片与制动盘间隙过小、发热 4. 手制动蹄各销孔或衬套松放	1. 紧固 2. 紧固或更换 3. 重新调整 4. 更换新件

（七）液压自卸系统常见故障与排除方法

如表 2-19 所示。

表 2-19　液压自卸系统常见故障排除

故障现象	故障分析	排除方法
车厢无法举升	1. 储油箱缺油或油过黏过脏 2. 油泵进油管漏气 3. 油泵严重漏油 4. 液压油管路漏油 5. 油缸活塞卡死 6. 安全阀开启压力过小,弹簧失效或折断,使油形成回路	1. 加注或更换液压油 2. 检查并拧紧修复 3. 检查并修复 4. 检查并修复 5. 清洗油缸活塞,必要时更换 6. 更换弹簧,调整安全阀开启压力
车厢不能保持在"中立"位置	1. 油路外漏 2. 油缸内漏 3. 分配器滑阀渗漏 4. 操纵手柄不在中立位置	1. 检查并拧紧各接头 2. 拆检并修复 3. 清洗或更换滑阀 4. 正确操作

（八）电气系统常见故障与排除方法

如表 2-20 所示。

表 2-20　电气系统常见故障排除

故障现象	故障分析	排除方法
发电机不发电或电流过小	1. 发电机、蓄电池线路接头松动或搭铁锈蚀 2. 皮带打滑 3. 调节器失灵 4. 电枢线圈损坏	1. 检查线路,消除松动,除锈并绝缘 2. 调整皮带松紧度 3. 检查调整或更换调节器 4. 拆卸检修
发电机电流过大或发热	1. 发电机电枢与磁场接线柱间短路 2. 调节器故障	1. 检修或更换 2. 检修或更换

故障现象	故障分析	排除方法
启动电机不转动或虽转动但功率不足	1. 保险丝熔断 2. 电线接头松动 3. 启动电机内部短路 4. 炭刷接触不良 5. 蓄电池充电不足 6. 开关接触不良 7. 电枢轴卡住 8. 电刷弹簧过紧 9. 蓄电池电流不足	1. 更换保险丝 2. 检查线路,拧紧接头 3. 拆检、排除短路 4. 清洗并用特细砂纸研磨 5. 充电或检修 6. 清除污物 7. 拆卸检修,油嘴处加注机油1~2滴 8. 调整或更换弹簧 9. 充电或更换蓄电池
蓄电池电量不足	1. 电解液比重不对或液面过低 2. 极板之间短路 3. 极板硫化 4. 导线接触不良 5. 极板活性物质脱落 6. 自行放电	1. 重新调整比重或添加电解液 2. 清除沉淀物,更换电解液 3. 脱硫处理或更换极板 4. 检查并消除 5. 更换极板 6. 完全放电后倒出电解液,然后用蒸馏水清洗

第三章　联合收割机的使用与维护

收获是农业生产中关键性的作业环节，使用机械迅速、及时、高质量地进行收获作业，对保证丰产丰收具有十分重要的意义。

第一节　水稻联合收割机的使用与维护

一、水稻联合收割机的构造及工作过程

水稻联合收割机按喂人方式的不同可分为全喂人式和半喂人式两种。全喂人式联合收割机是将割下的作物全部喂人滚筒。半喂人式只是将作物的头部喂人滚筒，因而能将茎秆保持得比较完整。如图3-1所示为半喂人式联合收割机。

水稻联合收割机工作时，扶禾拨指将倒伏作物扶直推向割台，扶禾星轮辅助拨指拨禾，并支撑切割。作物被切断后，割台横向输送链将作物向割台左侧输送，再传给中间输送装置，中间输送夹持链通过上下链耙把垂直状态的作物禾秆逐渐改变成水平状态送入脱粒滚筒脱粒，穗头经主滚筒脱净后，长茎秆从机后排出，成堆或成条铺放在田间。谷粒穿过筛网经抖动板，由风扇产生的气流吹净，干净的谷粒落入水平推运器，再由谷粒水平推运器送给垂直谷粒推运器，经出粮口接粮装袋。断穗由主滚筒送给副滚筒进行第二次脱粒，杂余物由副滚筒的排杂口排出机外。

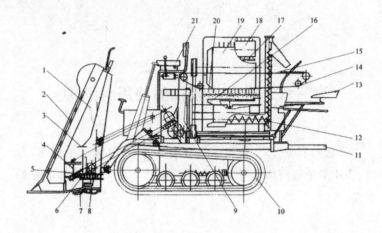

图 3 - 1 半喂入式联合收割机

1. 立式割台；2. 扶禾器；3. 上输送链；4. 拨禾星轮；5. 中间输送上链；

6. 中间输送下链；7. 切割器；8. 下输送链；9. 二级夹持链；10. 履带；

11. 卸粮台；12. 水平螺旋；13. 卸粮座位；14. 脱粒夹持链；15. 竖直螺旋；

16. 风扇；17. 副滚筒筛板；18. 副滚筒；19. 主滚筒；20. 凹版；21. 驾驶台

二、水稻联合收割机的使用调整

(一)收割装置主要调整内容

1. 分禾板上、下位置调整

根据作业的实际情况及时进行调整。田块湿度大,前仰或过多地拨起倒伏作物时,应将分禾板尖端向下调,直至合适为止(最低应距地面 2 cm)。通过调整螺栓进行调整,如图 3 - 2 所示。

2. 扶禾爪的收起位置高度调整

根据被收作物的实际情况,调节扶禾爪的收起位置。其调节方法是:先解除导轨锁定杆,然后上、下移动扶禾器内侧的滑动导轨位置,如图3-3所示。具体要求是:通常情况下,导轨调至②的位置;易脱粒的品种和碎草较多时,导轨调至③的位置;长秆且倒伏的作物,导轨应调至①位置。调整时,四条扶禾链条的扶禾爪的收起高度,都应处于相同的位置。

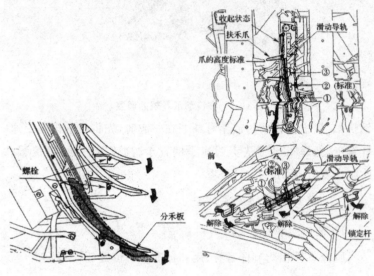

图3-2 分禾板的上下调整   图3-3 扶禾爪收起位置高度

3. 右穗端链条的有传送爪导轨的调整

右爪导轨的位置应根据被脱作物的状态而定。作物茎秆比较零乱时,导轨置于标准位置,如图3-4所示;而被脱作物易脱粒而又在右穗端链条处出现损失时,应将导轨调向②位置。其调整方法是:松开固定右爪导轨螺母A、B,通过B处的长槽孔将右爪导轨向②的方向移动至合适位置止,然后拧紧螺母A、B固定即可。

4. 扶禾调速手柄的调节

扶禾调速手柄通常在"标准"位置上进行作业,只有在收割

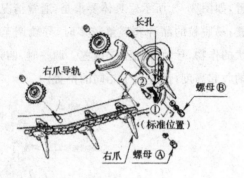

长孔

右爪导轨

螺母B

（标准位置）

右爪 螺母A

图 3-4 右传动爪导轨的调整

倒伏 45°以上的作物时或茎秆纠缠在一起时,先将收割机副变速杆置于"低速",再将扶禾调速手柄置于"高速"或"标准"位置。收割小麦时,不用"高速"位置。

（二）脱粒装置的主要调整

1. 脱粒室导板调节杆的调整

脱粒室导板调节杆有开、闭和标准 3 个位置(图 3-5)。

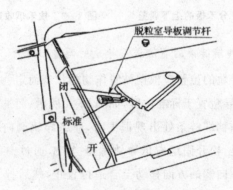

脱粒室导板调节杆

闭

标准

开

图 3-5 脱粒室导板调节杆的调整

新机出厂时,调节杆处于"标准"位置。作业中出现异常响声(咕咚、咕咚),即超负荷时,收割倒伏、潮湿作物及稻麸或损伤颗粒较多时,应向"开"的方向调;当作物中出现筛选不良时(带芒、枝梗颗粒较多、碎粒较多、夹带损失较多)、谷粒飞散较多时,应向"闭"的方向调。

2. 清粮风扇风量的调整

合理调整风扇风量能提高粮食的清洁率和减少粮食损失率。风量大小的调整是通过改变风扇皮带轮直径大小进行的。其调整方法是:风扇皮带轮由两个半片和两个垫片组成,如图3-6所示。两个垫片都装在皮带轮外侧时,皮带轮转动外径最大,此时风量最小;两个垫片都装在皮带轮的两个半片中间时,风扇皮带轮转动外径最小,这时风量最大;两个垫片在皮带轮外侧装一个,在皮带轮两半片中间装另一个时,则为新机出厂时的装配状态,即标准状态(通常作业状态)。

作业过程中,如出现谷粒中草屑、杂物、碎粒过多时,风量应调强位;如出现筛面跑粮较多,风量应调至弱位,风扇风量调节如图3-6所示。

3. 清粮筛(振动筛)的调节

清粮筛为百叶窗式,合理调整筛子叶片开度,可以取得理想的清粮效果。

作业中,喂入量大(高速作业)、作物潮湿、筛面跑粮多、稻麸或损伤谷粒多时,筛子叶片开度应向大的方向调,直至符合要求为止。当出现筛选不良时(带芒、枝梗颗粒较多、断穗较多、碎草较多)时,筛子叶片开度应向小的方向调,直至满意为止。筛子叶片开度的调整方法如图3-7、图3-8所示,拧松调整板螺栓(两颗),调整板向左移,筛片开度(间隙)变小(闭合方向);向右移动,筛子叶片开度变大(即打开方向)。

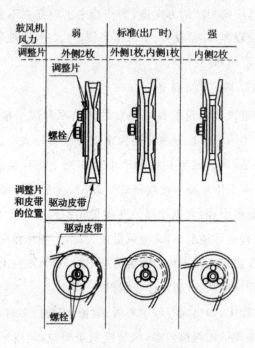

鼓风机风力	弱	标准(出厂时)	强
调整片	外侧2枚	外侧1枚,内侧1枚	内侧2枚

图 3-6　风扇风量调节

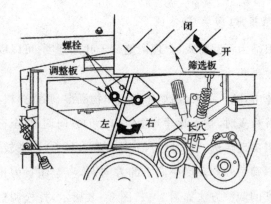

图 3-7　清粮筛片开度调节

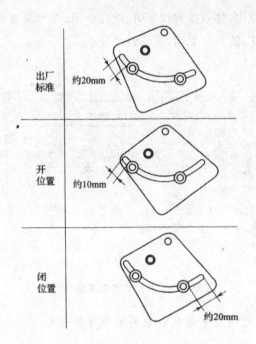

出厂
标准
约20mm

开
位置
约10mm

闭
位置
约20mm

图 3-8 清粮筛片开度调节

4. 筛选箱增强板的调整

新机出厂时,增强板装在标准位置(通常收割作业位置)。作业中出现筛面跑粮较多时,增强板向前调,直至上述现象消失。

5. 弓形板的更换

根据作业需要,在弓形板的位置上可换装导板。新机出厂时,安装的是弓形板(两块)、导板(两块)为随车附件。作业中,当出现稻秆损伤较严重时,可换装导板。通常作业装弓形板。

6. 筛选板的调整

新机出厂时,筛选板装配在标准位置(中间位置),如图3-9

所示。作业中,排尘损失较多时,应向上调,收割潮湿作物和杂草多的田块,适当向下调,直至满意为止。

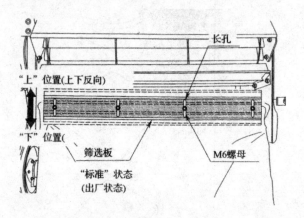

图 3-9 筛选板的位置调节

三、半喂入式水稻联合收割机的维护保养

(一)作业前后要全面保养检修

水稻收获季节时间紧迫,因此,收获机械在收获季节之前一定要经过全面拆卸检查,这样才能保证作业期间保持良好的技术状态,不误农时。

1. 行走机构

按规定,支重轮轴承每工作 500 h 要加注机油,1 000 h 后要更换。但在实际使用中,有些收割机工作几百小时就出现轴承损坏的情况,如果没及时发现,很快会伤及支架上的轴套,修理比较麻烦。因此在拆卸后,要认真检查支重轮、张紧轮、驱动轮及各轴承组,如有松动、异常,不管是否达到使用期限都要及时更换。橡胶履带使用更换期限按规定是 800 h,但由于履带价格较高,一般都是坏了才更换,平时使用中应多注意防护。

2. 割脱部分

谷粒竖直输送螺旋杆使用期限为 400 h,再筛选输送螺旋杆为 1 000 h,在拆卸检查时,如发现磨损量太大则要更换,有条件的可堆焊修复后再用。收割时如有割茬撕裂、漏割现象,除检查调整割刀间隙、更换磨损刀片外,还要注意检查割刀曲柄和曲柄滚轮,磨损量太大时会因割力行程改变而受冲击,影响切割质量,应及时更换。割脱机构有部分轴承组比较难拆装,所以,在停收保养期间应注意检查,有异常情况的应予以更换,以免作业期间损坏而耽误农时。

(二)每班保养

每班保养是保持机器良好技术状态的基础,保养中除清洁、润滑、添加和紧固外,及时的检查能发现小问题并予以纠正,可以有效地预防或减少故障的发生。

(1)检查柴油、机油和水,不足时应及时添加符合要求的油、水。

(2)检查电路,感应器部件如有被秸秆杂草缠堵的应予清除。

(3)检查行走机构,清理泥、草和秸秆,橡胶履带如有松弛应予调整。

(4)检查收割、输送、脱粒等系统的部件,检查割刀间隙、链条和传动带的张紧度、弹簧弹力等是否正常。在集中加油壶中加满机油,对不能由自动加油装置润滑的润滑点,一定要记住用人工加油润滑。

(5)清洁机器,检查机油冷却器、散热器、空气滤清器、防尘网以及传动带罩壳等处的部件,如有尘、草堵塞应予清除。

日保养前必须关停机器,将机器停放在平地上进行,以

PRO488（PRO588）久保田联合收割机为例,检查内容见表3-1和表3-2。

表3-1　PRO488（PRO588）久保田联合收割机日常维护保养

	检查项目	检查内容	采取措施
检查机体的周围	机体各部	①是否损伤或变形 ②螺栓及螺母是否松动或脱落 ③油或水是否泄漏 ④是否积有草屑 ⑤安全标签是否损伤或脱落	①修理或更换 ②拧紧或补充 ③固定紧软管和阀门的安装部位,或更换零部件 ④清扫 ⑤重贴新的标签
	蓄电池、消声器、发动机、燃油箱各配线部的周围	是否有垃圾、或者机油附着以及泥的堆积	清理
	燃料	是否备有足够作业的燃料	补充(0#)优质柴油
	割刀、各链条	—	加油
	割刀、切草器刀	刀口是否损伤	更换
	履带	是否松动或损伤	调整或更换
	进气过滤器	是否堆积了灰尘	清扫
	防尘网	是否堵塞	清扫
	收割升降油箱	油量是否在规定值间(机油测量计的上限值和下限值之间)	补充久保田纯机油 UDT 到规定量
	脱粒网	是否有极端的磨损或破损	改装或更换
发动机室	风扇驱动皮带	是否松动,是否损伤	调整,更换
	发动机机油	油量是否在规定值间(机油测量计的上限值和下限值之间)	补充到规定量(久保田纯机油 D30 或 D10W30)
	散热器　冷却水	预备水箱水量是否在规定值间(水箱的 FULL 线和 LOW 线间)	补充清水（蒸馏水）到规定值
	散热器　散热片	是否堵塞	清扫

续表

	检查项目		检查内容	采取措施
发动机室	蓄电池		发动机是否启动	充电或更换
主开关	仪表板	机油指示灯	操作各开关,指示灯是否点亮	检查灯丝、熔断器是否熔断,再进行更换或连接、蓄电池充电或更换
		充电指示灯		
启动发动机	仪表板	燃料指示灯	指示灯是否熄灭	补充(0#)优质柴油
		机油指示灯		补充机油到规定值
		充电指示灯		调整或更换
		转速灯	转速针是否正常	调整或更换
	脱粒深浅控制装置		脱粒深浅链条的动作是否正常	检查熔断丝是否熔断,接线是否断开,更换或连接
	各操作杆		各操作杆的动作是否正常	调整
	停车刹		游隙量是否适当	调整
	发动机消声器		有杂音否,排气颜色是否正常	调整或更换
	割刀、各链条		加油后是否有异	调整或更换
	停止拉杆		发动机是否停止	调整

表 3-2 检查与加油(水)一览表

种类、燃料	检查项目	措施	检查、更换期(时间表显示的时间)		容量规定量(L)	种类
			检查	更换		
燃油	燃料箱	加油	作业前后	—	容量 50	优质柴油
水液	脱粒链条驱动箱			—		久保田纯正机油 M80B、M90 或 UDT

种类、燃料	检查项目	措施	检查、更换期(时间表显示的时间)		容量规定量(L)	种类
			检查	更换		
机油	发动机	补充更换	作业后	每100 h	容量7,规定量:机油标尺的上限和下限之间	久保田纯正机油 UDT
	传动箱	补充更换	—	初次50h,第2次后每300 h	容量6.5,规定量:油从检油口稍有溢出	
	油压油箱	补充		初次50h,第2次后每400 h	容量19.3,规定量:油从检油口稍有溢出	
	收割升降机油箱	补充更换	作业前后	初次50 h,第2次后每400 h	容量1.6,规定量:机油标尺的上限和下限之间	
	脱粒齿轮油箱	补充更换	—	初次50 h,第2次后分解	容量19.3,规定量:油从检油口稍有溢出	
	割刀驱动箱	补充	分解时	—	容量0.6~0.7	久保田纯正机油
水液	割刀、扶持链、穗端、茎端、脱粒、深浅、供给、排草茎端、穗端链条及张紧支承部	加油	作业前后	—	容量0.3适量	久保田纯正机油 D30、D10W30 或 M90
	冷却水(备用水箱)			冬季停止使用时,排除或加入50%的不冻液	规定值:水箱侧面 L(下限)和 F(上限)之间	清水或久保田不冻液
	蓄电池液		收割季节		规定值:蓄电池侧面下限和上限之间	蒸馏水

续表

种类、燃料	检查项目	措施	检查、更换期（时间表显示的时间）		容量规定量（L）	种类
			检查	更换		
黄油	行走部 载重滚轮轴承	补充	—	第 500 h 加油	适量	久保田黄油
	收割部 收割部支撑座、脱粒深浅、链条驱动箱		—	第 200 h 加油		
	收割齿轮箱、各齿轮箱				规定量*	
脱粒部	各齿轮箱		收割季节前后			

注：*各部分机油、黄油的补充和更改：

①检查时，请将机器停在平坦的地方。如果地面倾斜，测量不能正确显示；

②发动机机油的检查，必须在发动机停止 5min 后进行；

③使用的机油、黄油必须是指定的久保田纯正机油、黄油

（三）定期维护

半喂入式联合收割机按工作小时数确定技术维护和易损件的更换，使技术维护向科学、合理、实际的方向发展。目前，装有计时器是联合收割机较普遍采用的一种方法。

注意事项：1. 半喂入式联合收割机装有先进的自动控制装置，当机器在作业过程中发生温度过高、谷仓装满、输送堵塞、排

草不畅、润滑异常以及控制失灵等现象时，都会通过报警器报警和指示灯闪烁向机手提出警示，这时，机手一定要对所警示的有关部位进行检查，找出原因，排除故障后再继续作业。

2. 在泥脚太深（超过 15 cm）的水田里作业容易陷车，不要进田收割，可先人工收割，后机脱。

3. 切割倒伏贴地的稻禾，对扶禾机构、切割机构损害很大，不宜作业。

4. 橡胶履带在日常使用中要多注意防护，如跨越高于 10 cm 的田埂时应在田埂两边铺放稻草或搭桥板，在砂石路上行走时应尽量避免急转弯等。

5. 不要用副调速手柄的高速挡进行收割，否则很可能导致联合收割机发生故障。

四、常见故障及排除方法

水稻联合收割机常见故障及排除方法见表 3-3。

表 3-3　水稻联合收割机常见故障及排除方法

故障现象	产生原因	排除方法
割茬不齐	1. 作物的条件不适合 2. 田块的条件不适合 3. 机手的操作不合理 4. 割刀损伤或调整不当 5. 收割部机架有无撞击变形	1. 更换作物 2. 检查田块的条件 3. 正确操作 4. 更换割刀或正确调整 5. 修复收割部机架或更换
不能收割而把作物压倒	1. 作物不合适 2. 收割速度过快 3. 割刀不良 4. 扶起装置调整不良 5. 收割皮带张力不足 6. 单向离合器不良 7. 输送链条松动、损坏 8. 割刀驱动装置不良	1. 更换作物 2. 降低收割速度 3. 调整或更换割刀 4. 调整分禾板高度 5. 皮带调整或更换 6. 更换 7. 调整或更换输送链条 8. 换割刀驱动装置

续表

故障现象	产生原因	排除方法
不能输送作物、输送状态混乱	1. 作物不适合 2. 机手操作不当 3. 脱粒深浅位置不当 4. 喂入装置不良 5. 扶禾装置不良 6. 输送装置不良	1. 更换作物 2. 副变速挡位置于"标准" 3. 脱粒深浅位置用手动控制对准"▼" 4. 爪形皮带、喂入轮、轴调整或更换 5. 正确选用扶禾调速手柄挡位、调整或更换扶禾爪、扶禾链、扶禾驱动箱里轴和齿轮 6. 调整或更换链条、输送箱的轴、齿轮
收割部不运转	1. 输送装置不良 2. 收割皮带松 3. 单向离合器损坏 4. 动力输入平键、轴承、轴损坏	1. 调整或更换各链条、输送箱的轴、齿轮 2. 调整或更换收割皮带 3. 更换单向离合器 4. 调整或更换爪形皮带、喂入轮、轴
筛选不良——稻麦有断草/异物混入	1. 发动机转速过低 2. 摇动筛开量过大 3. 鼓风机风量太弱 4. 增强板调节过开	1. 增大发动机转速 2. 减小摇动筛开量 3. 增大鼓风机风量 4. 增强板调节得小些
稻麦谷粒破损较多	1. 摇动筛开量过小 2. 鼓风机风量太强 3. 搅龙堵塞 4. 搅龙叶片磨损	1. 增大摇动筛开量 2. 减小鼓风机风量 3. 清理 4. 更换或修复
稻谷中小枝梗,麦粒不能去掉麦芒、麦麸	1. 发动机转速过低 2. 摇动筛开量过大 3. 脱粒室排尘过大 4. 脱粒齿磨损	1. 增大发动机转速 2. 减小摇动筛开量 3. 清理排尘 4. 更换

故障现象	产生原因	排除方法
抛撒损失大	1. 作物条件不适合 2. 机手操作不合理 3. 摇动筛开量过小 4. 鼓风机风量太强 5. 摇动筛后部筛选板过低 6. 摇动筛橡胶皮安装不对 7. 摇动筛增强板位置过闭 8. 摇动筛 1 号、2 号搅龙间的调节板位置过下	1. 更换作物 2. 正确操作 3. 增大摇动筛开量 4. 减小鼓风机风量 5. 增高摇动筛后部筛选板 6. 重新安装 7. 调整摇动筛增强板位置 8. 调整摇动筛 1 号、2 号搅龙间的调节板位置
破碎率高	1. 作物过于成熟 2. 助手未及时放粮 3. 发动机转速过高 4. 脱粒滚筒皮带过紧 5. 脱粒排尘调节过闭 6. 搅龙堵塞 7. 搅龙磨损	1. 及早收获作物 2. 及时放粮 3. 减小发动机转速 4. 调整脱粒滚筒皮带 5. 调整脱粒排尘装置 6. 清理 7. 更换或修复
2 号搅龙堵塞	1. 作物过分潮湿 2. 机手操作不合理 3. 摇动筛开量过闭 4. 鼓风机风量过弱 5. 脱粒部各驱动皮带过松 6. 搅龙被异物堵塞 7. 搅龙磨损	1. 晾晒 2. 正确操作 3. 调整摇动筛开量 4. 增大鼓风机风量 5. 调紧脱粒部各驱动皮带 6. 清理搅龙 7. 更换或修复
脱粒不净	1. 作物条件不符 2. 机手操作不合理 3. 脱粒深浅调节不当 4. 发动机转速过低 5. 分禾器变形 6. 脱粒、滚筒皮带过松 7. 排尘手柄过开 8. 脱粒齿、脱粒滤网、切草齿磨损	1. 更换作物 2. 正确操作 3. 正确调整 4. 增大发动机转速 5. 修复或更换 6. 调紧脱粒、滚筒皮带 7. 正确调整排尘手柄 8. 更换或修复

续表

故障现象	产生原因	排除方法
脱粒滚筒经常堵塞	1. 作物条件不符 2. 脱粒部各驱动皮带过松 3. 导轨台与链条间隙过大 4. 排尘手柄过闭 5. 脱粒齿与滤网磨损严重 6. 切草齿磨损 7. 脱粒链条过松	1. 更换作物 2. 调紧脱粒部各驱动皮带 3. 减小导轨台与链条间隙 4. 调整排尘手柄 5. 更换 6. 更换或修复切草齿磨损 7. 调紧脱粒链条
排草链堵塞	1. 排草茎端链过松或磨损 2. 排草穗端链不转或磨损 3. 排草皮带过松 4. 排草导轨与链条间隙过大 5. 排草链构架变形	1. 调紧排草茎端链或更换 2. 正确安装或更换 3. 调紧排草皮带 4. 减小排草导轨与链条间隙 5. 修复或更换排草链构架

第二节 谷物联合收割机的使用与维护

一、谷物联合收割机的构造及工作过程

谷物联合收割机的机型很多,其结构也不尽相同,但其基本构造大同小异。现以约翰迪尔佳联自走式联合收割机为例,说明其构造和工作过程。

JL-1100自走式联合收割机结构如图3-10所示。其主要由割台、脱粒(主机)、发动机、液压系统、电气系统、行走系统、传动系统和操纵系统八大部分组成。

(一)收割台

为适应系列机型和农业技术要求,割台割幅有3.66 m、4.27 m、4.88 m、5.49 m四种及大豆挠性割台。割台由台面、拨禾轮、切割器、割台推运器等组成。

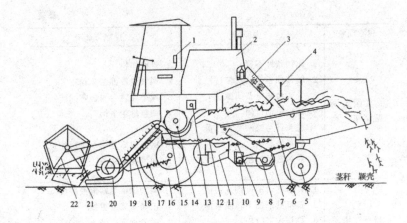

图 3-10 自走式联合收割机的结构示意图

1. 驾驶室倾斜输送器；2. 发动机；3. 卸粮管；4. 挡帘；5. 转向轮；

6. 逐稿器；7. 下筛；8. 杂余推运器；9. 上筛；10. 粮食推运器；11. 风扇；

12. 阶梯状输送器；13. 逐稿轮；14. 滚筒；15. 凹版；16. 驱动轮；

17. 割台升降油缸；18. 斜输送器；19. 输送链耙；

20. 割台螺旋推运器和伸缩扒齿；21. 切割器；22. 拨禾轮

（二）脱粒部分

脱粒部分由脱粒机构、分离机构及清选机构、输送机构等构成。

（三）发动机

本机采用法国纱朗公司生产的 6359TZ02 增压水冷直喷柴油机，功率为 110 kW（150 马力）。

（四）液压系统

本机液压系统由操纵和转向两个独立系统所组成，分别对割台的升降和减震，拨禾轮的升降，行走的无级变速，卸粮筒的回转，滚筒的无级变速及转向进行操纵和控制。

（五）电气系统

电气系统分电源和用电两大部分。电源为一只 12V 6-Q-126型蓄电池和一个九管硅整流发电机。用电部分包括启动马达、报警监视系统、拨禾轮调速电动机、燃油电泵、喷油泵电磁切断阀、电风扇、雨刷、照明装置等。

（六）行走系统

由驱动、转向、制动等部分组成。驱动部分使用双级增扭液压无级变速，常压单片离合器，四挡变速箱，一级直齿传动边减系统。制动器分脚制动式和手制动式，为盘式双边制动器，由单独液力系统操纵。转向系统采用液力转向方式。

（七）传动系统

动力由发动机左侧传出，经皮带或链条传动，传给割台、脱粒部分工作部件和行走部分。

（八）操纵系统

操纵系统主要设置在驾驶室内，联合收割机工作过程如图 3-11 所示。

二、谷物联合收割机的使用调整

（一）割台的使用调整

割台的作用是完成作物的切割和输送，普通割台的割幅有两种可供选择，分别是 2.75 m 和 2.5 m，大豆割台是整体挠性割台，割幅是 2.75 m，割台性能优良，可靠性强，优于同类机型。下面叙述的是普通型割台的使用，根据当地谷物收获的需要，自行选择割茬高度，通过升降来调整。一般割茬高度在 100～200 mm，在允许的情况下，割茬应尽量高一些，有利于提高联合

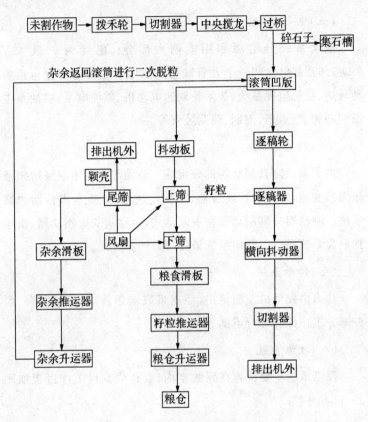

图 3-11　联合收割机谷物流程图

收获机的作用效率。

1. 拨禾轮的使用与调整

3080 型联合收获机装配的是偏心弹齿式拨禾轮,这种拨禾轮性能优良,尤其是收获倒伏作物,它有多个调整项目,使用中应多加注意。

(1)拨禾轮转速的调整有两处,一是链条传动,链条挂接在不同齿数的链轮上可以获得不同的转速;二是带传动,通过 3 根螺栓可以调整带盘的开度,调整后应重新张紧传动带。

（2）拨禾轮转速的选择取决于主机行进速度，行进速度越快，拨禾轮转速越快。但应避免拨禾轮转速过高造成落粒损失。一般拨禾轮应稍微向后拨动一下作物，将作物平稳地铺放到割台上。

（3）拨禾轮高度应与作物的高度相适应，通过液压手柄随时调整。为了平稳地输送作物，拨禾轮齿把管应当拨在待割作物的重心处，即应拨在从割茬往上作物的大约2/3高处。保证作物平稳输送是割台使用的基本要求。

（4）当收获倒伏作物时，在割台降低的同时，应将拨禾轮调整到很低的位置，拨禾轮上的弹齿可以非常接近地面，在拨禾轮相对主机速度较高的情况下，弹齿将倒伏作物提起，然后进行切割。

（5）普通割台为了适应各种不同秸秆长度的要求，拨禾轮前后位置的调整范围较大。一般收获稻麦等短秸秆作物时，应将拨禾轮的位置调到支臂定位孔的后数第一、第二或第三个孔上，使拨禾轮与中央搅龙之间的距离变得较小，防止作物堆积，使喂入顺畅。

（6）拨禾轮齿把管上安装有许多弹齿，通过偏心装置能够调整其方向，弹齿方向一般应与地面垂直。当收获倒伏作物或者收获稀疏矮小作物时，应调整至向后倾斜，以利于作物的输送。弹齿方向的调整方法是松开两个可调螺栓，扳动偏心盘以改变弹齿方向，然后拧紧螺母。

（7）拨禾轮支承轴承是滑动轴承，为防止缺油造成磨损，每天应向轴承注油1～2次。

2. 切割器的使用与调整

切割器是往复式的，有较强的切割能力，可保证在10 km/h的作业速度下没有漏割现象。动刀片采用齿形自磨刃结构，刀片用铆钉铆在刀杆上,铆钉孔直径为 5 mm。

在护刃器中往复运动的刀杆在前后方向上应当有一定的间隙。如果没有间隙,刀杆运动会受阻,但如果间隙过大,间隙中塞上杂物,刀杆的运动也会受阻。刀杆前后间隙应调整到约0.8 mm,调整时松开刀梁上的螺栓,向前或向后移动摩擦片即可。

动刀片与定刀片之间为切割间隙,此间隙一般为 0~0.8 mm,调整时可以用手锤上下敲击护刃器,也可以在护刃器与刀梁之间加减垫片。

摇臂和球铰是振动量较大的零部件,每天应当对该处的 3个油嘴注入润滑脂。

3. 中央搅龙的调整与使用

中央搅龙及其伸缩齿与割台体构成推运器,调整好中央搅龙的位置和输送间隙能够使作物喂入顺利。

(1)如果搅龙前方出现堆积现象,可向前和向下移动中央搅龙。调整时,松开两侧调整板螺栓,移动调整板,此时中央搅龙也随之移动。两侧间隙要调整一致,调整后要紧固好螺栓,并且要重新调整传动链条的松紧度。

(2)如果中央搅龙的运动造成谷物回带,可适当后移中央搅龙,使搅龙叶片与防缠板之间间隙变小。

(3)如果中央搅龙叶片与割台底板之间有堵塞现象,可通过搅龙调整板减小搅龙叶片下方的间隙。

(4)伸缩齿与底板之间间隙越小,抓取能力越强,间隙可调整到 5~10 mm。调整部位是右侧的调整手柄,松开螺栓后,向上扳伸缩齿向下,向下扳伸缩齿向上,调整后紧固螺栓。

(5)为了避免因为中央搅龙堵塞造成故障,在搅龙的传动轴上装有摩擦片式安全离合器,出厂时弹簧长度调整到37mm;作业中可根据具体情况适当调整。弹簧的紧度应当是正常运转时摩擦片不滑转，当中央搅龙堵塞，并且扭矩过大有可能造成损坏时，摩擦片滑转。安全离合器是干式的，不要加润滑油，否则无法使用。

4. 倾斜输送器（过桥）的使用与调整

过桥将割台和主机衔接起来，并用输送器和链耙输送谷物。带动输送链的主动辊，其位置是固定的；被动辊的位置不确定，随着谷物的多少而浮动，在弹簧的作用下，浮动辊及其链耙始终压实作物，形成平稳的谷物流。

（1）非工作时间的间隙。收获稻麦等小籽粒作物，浮动辊正下方链耙齿与过桥底板之间距离应为 3～5 mm；收获大豆等大籽粒作物时，这个间隙应为 15～18 mm。调整时拧动过桥两侧弹簧上端的螺母即可。

（2）输送链预紧度的调整。打开检视口，用 150 N 的力向上提输送链，应能提起 20～35 mm，否则应拧动过桥两侧的调整螺栓，调整浮动辊的前后位置，使输送链紧度适宜。过桥的主动轴上有防缠板，不要拆除。

（二）脱粒机构的使用与调整

谷物经过倾斜输送器输送到由滚筒和凹板组成的脱粒机构后，在滚筒和凹板冲击、揉搓下，籽粒从秸秆上脱下，滚筒转速越高，凹板与滚筒之间的间隙越小，脱粒能力越强。反之，脱粒能力越弱。

针对不同作物的收获，脱粒滚筒有 1 200、1 000、900、833、760、706、578 r/min 7 种转速可供选择。上述 7 种转速是通过更换主动带轮与被动带轮来实现的，各转速相应的主、被动带轮外径（mm）为 385、275，355、305，330、305，330、330，

305、330,305、355,275、380。收获小麦时,用 1 000r/min 或 1 200 r/min;收获水稻时,用 1 000、900、833、760r/min 或 706 r/min。收获水稻时用的是钉齿滚筒和钉齿凹板。为了发挥 3080 型收割机的最佳性能,收获大豆时需要更换传动件以改变滚筒转速。右侧三联带传动的两个三槽带盘,主动盘换成 ϕ202mm,被动盘换成 ϕ332 mm,使分离滚筒转速变为 600 r/min,传动带由 S24314 型换成 D19002 型。第一滚筒传动带盘,主动盘换成 ϕ305 mm,被动盘换成 ϕ355 mm,使脱粒滚筒转速变为 706 r/min。第二滚筒左侧链传动的被动链轮由 25 齿换成 18 齿。过桥主动轴右侧带盘换成 ϕ218 mm,传动带由 S60018 型换成 D19003 型。

使用中,发动机必须用大油门工作。如转速不足应检查发动机的空气滤清器和柴油滤清器是否堵塞,传动带是否过松。此外,收割机不要超负荷作业,否则将堵塞滚筒,清理堵塞很费时间。一旦滚筒堵塞,不要强行运转,否则会损坏滚筒的传动带,此时应将凹板间隙放大,从滚筒的前侧进行清理。

使用脱粒滚筒应遵循以下原则。

(1)收获前期或谷物潮湿时,凹板间隙调整手柄扳到相对靠上的位置,此时凹板间隙较小;收获的作物逐渐干燥,手柄应扳到靠下的位置,使凹板间隙大些。

(2)只要能够脱净,凹板间隙越大越好。是否脱净,要看第二滚筒的出草口是否夹带籽粒,如出草口不跑粮,证明籽粒已经脱净。用凹板调整手柄调整凹板间隙是一般的方法,也可以通过凹板吊杆调整凹板间隙,调整时,要两侧同时进行,保持间隙一致。

(三)分离机构的使用与调整

谷物经过脱粒滚筒时,有 75%～85% 的籽粒被脱下,并且有少部分籽粒从凹板的栅格中分离出来。从滚筒凹板的出口处抛出的物料进入第二滚筒,即轴流滚筒,轴流滚筒具有复脱作用,同时完成籽粒的分离工作。在滚筒高速旋转的冲击和凹板配合的揉搓下,剩余籽粒被逐渐脱下,在离心力的作用下,籽粒和部分细小的物料在凹板中分离出来。构成轴流滚筒壳体的下半部分是栅格式凹板,上半部分是带有螺旋导向叶片的无孔滚筒壳体,稻草等物料在高速旋转的同时,在导向叶片的作用下,沿着轴向被推出滚筒的排草门。

在保证脱粒和分离性能的情况下,应使稻秆尽可能完整,从而使下一级的清选系统中的物料尽可能少一些,以减少清选系统的负荷。实现这一点的重要方法是尽可能使第一滚筒的脱粒能力弱一些。

分离滚筒与凹板间的间隙,在收获水稻时,应从一般的40 mm调整为15 mm,调整后紧固螺母,并用手转动检查有无刮碰。

(四)清选系统的使用与调整

清选系统包括阶梯板、上筛、下筛、尾筛、风扇和筛箱等。阶梯板、上筛和尾筛装在上筛箱中,下筛装在下筛箱中,采用上、下筛交互运动方式,有效地消除了运动的冲击,平衡了惯性力,清选面积大,而且具有多种调整机构,通过调整能达到最佳清选效果。

1. 筛片开度的选择

鱼鳞筛筛片开度可以调整,调整部位是筛子下方的调整杆。所谓开度,是指每两片筛片之间的垂直距离。不同的作物应选择不同的开度。潮湿度大的选择较大的开度,潮湿度小的应选择较小的开度。一般上筛开度大些,下筛开度小些,尾筛的开度比上筛再稍微大一些见表3-4。

表 3-4　筛片开度的参考值　　　　（mm）

作物	小麦	水稻	大豆	油菜
上筛	12～15	15～18	11～18	7～10
下筛	7～10	10～12	8～11	4～6
尾筛	14～16	15～18	11～18	10～14

2. 风量大小的选择

在各种物料中,颖壳密度最小,秸秆其次,籽粒最大。风扇的风量应当使密度较小的秸秆和颖壳几乎全部悬浮起来,与筛面接触的仅仅是籽粒和很少量的短秸秆,这时筛子负荷很小,粮食清洁。因此,选择风量时,只要籽粒不吹走,风量越大越好。

松开风扇轴端的螺母,卸下传动带带盘的动盘,在动定盘之间增加垫片,装上动盘,然后紧固螺母,用张紧轮重新张紧传动带,这样调整后,风扇转速提高,风量增大;用相反的方法调整,风量减小。

3. 风向的选择

为了使整个筛面上都有一个适宜的风量,在风扇的出风口安装了导风板,使较大的下侧风量向上分流,将风量合理地导向筛子的各个位置。

在风箱侧面设有导风板调整手柄,收获稻麦等小籽粒作物时,导风板手柄置于从上数第一、第二凸台之间,风向处于筛子的中前部;收获大籽粒作物时,导风板手柄置于第二、第三凸台之间或第三、第四凸台之间,风向处于筛子的中后部位。

4. 杂余延长板的调整

筛子下方有籽粒滑板和杂余滑板,在杂余滑板的后侧有一杂余延长板,它的作用是对尾筛后侧的籽粒或杂余进行回收,降低清选损失。杂余延长板的安装位置有 3 个,松开两个螺栓,该板可以向上或向下串动,位置合适后将两侧的销子插入某一个孔中。

在清选系统正确调整的情况下,应将销子插在后下孔中,这样安装的好处是使延长板与尾筛之间的距离相对大一些,在上筛和下筛之间的短秸秆能够顺利地从该处被风吹出来,避免了短秸秆被延长板挡在杂余滑板和杂余搅龙内,减少了杂余总量。

5. 杂余总量的限制

所谓杂余,是指脱粒机构没有脱下籽粒的小穗头,联合收割机设置了杂余回收和复脱装置。3080 型联合收割机这种杂余应当很少,如果杂余系统的杂余总量过多,则是非杂余成分如短秸秆和籽粒等进入了该系统,正确调整筛子开度、风量、风向以及杂余延长板,杂余量就会减少。杂余量过多会影响收割机的工作效果,而且加大杂余回收和复脱装置及其传动系统的负荷,可能会造成某些零部件的损坏,因此,保持杂余量较小是很重要的。

清选系统只有对各项进行综合调整,才能达到最佳状态。

(五)粮箱和升运器的使用与调整

(1)升运器输送链松紧度调整时,打开升运器下方活门,用手左右扳动链条,链条在链轮上能够左右移动,其松紧度适宜。否则,可以通过升运器上轴的上下移动来调整:松开升运器壳体上的螺栓(一边一个),用扳子转动调整螺母,使升运器上轴向上或向下移动,直到调好后再重新紧固螺母。输送链过松会使刮板过早磨损;过紧,会使下搅龙轴损坏。

(2)升运器的传动带松紧度要适宜,过松要丢转,过紧也会损坏搅龙轴。

(3)粮箱容积为 1.9 m^3,粮满时应及时卸粮,否则可能损坏升运器等零部件。

(4)粮箱的底部有一粮食推运搅龙,流入搅龙内的粮食流动速度由卸粮速度调整板调定。调整板与底板之间间隙的选择要视粮食的干湿程度和粮食的含杂率而定,湿度大的粮食这个开度应小些,反之应大些;开度不要过大,以防卸粮过快,造成卸粮搅龙损坏。

带有卸粮搅龙的联合收割机在卸粮时,发动机应当使用大油门,并且要一次把粮卸完,卸粮之前要把卸粮筒转到卸粮位置,如果没转到卸粮位置就卸粮容易损坏万向节等零部件。

不带卸粮筒的收割机在卸粮时,要先让粮食自流,当自流减小时,再接合卸粮离合器。应当指出,必须这样做,否则将损坏推运搅龙等零部件。

(六)行走系统的使用与调整

行走系统包括发动机的动力输出端、行走无级变速器、增扭器、离合器、变速箱、末级传动和转向制动等部分。

1. 动力输出端

动力输出端通过一条双联传动带将动力传递给行走无级变速器,通过三联传动带将动力传递给脱谷部分等。动力输出半轴通过两个注油轴承支承在壳体上,注油轴承应定期注油。使用期间应注意检查壳体的温度,如果温度过高,应取下轴承检查或更换。

2. 行走中间盘

行走中间盘里侧是一双槽带轮,通过一条双联传动带与动力输出端带轮相连接。外侧是行走无级变速盘,在某一挡位下增大或减小行走速度就是通过它来实现的。它包括动盘、定盘、螺柱及油缸等件。

当要提高行走速度时,操纵驾驶室上的无级变速液压手柄,压力油进入油缸,推动油缸体,动盘向外运动,使动、定盘的开度变小,工作半径变大,行走速度提高。

拆变速带的方法:将无级变速器变到最大位置状态,将液压油管拆下,推开无级变速器的动盘,拆下变速带。

拆变速器总成的方法:拆下油缸,取出支板,拆下传动带,拧出螺栓,拆下变速器总成。

由于使用期间经常用无级变速,所以动、定盘轮毂之间需要润滑,它的润滑点在动盘上,要定期注油,否则会造成两轮毂过度磨损、无级变速失灵等故障。

3. 增扭器

自动增扭器既能实现无级变速,又能随着行走阻力的变化自动张紧和放松传动带,从而提高行走性能,延长机器零部件的使用寿命。

当增速时,行走带克服弹簧弹力,动盘向外运动,工作半径变小,实现大盘带小盘,行走速度增加。

当减速时,中间盘的油缸内的油无压力,增扭弹簧推动动盘向定盘靠拢,行走带推动中间盘的动盘、螺柱、油缸体向里运动,实现小盘带大盘,转速下降。

由于增扭器的动、定盘轮毂和推力轴承运动频繁,应定期注油,增扭器侧面有润滑油嘴。

4. 离合器

离合器属于单片、常压式、三压爪离合器,它与增扭器安装在一起。

拆卸时,应先拆下前轮轮胎和边减速器的两个螺栓,拧下增扭器端盖螺栓,取下端盖,松开变速箱主动轴端头的舌型锁片,卸下紧固螺母,然后取下离合器与增扭器总成。

如果需要分解,在分解离合器和增扭器之前,要在所有部件上打上对应的标记,以防组装时错位,因为它们整体作了动平衡校正,破坏了动平衡会损坏主动轴或变速带。

离合器拆装完以后应调整离合器间隙,调整时注意:保证3个分离压爪到离合器壳体加工表面的垂直距离为(27±0.5)mm,如距离不对或3个间隙不准、不一致可通过分离杠杆上的调整螺钉调整。

分离轴承是装在分离轴承架上的,轴承架与导套间经常有相对运动,所以应保证它的润滑。离合器上方的油杯是为该处润滑的,在工作期间每天应向里拧一圈。注意:这个油杯里装的是润滑脂,油杯盖拧到底后,应卸下,再向油杯里注满润滑脂。

离合器的使用要求是接合平稳、分离彻底。不要把离合器当做减速器使用,经常半踏离合器会导致离合器过热,造成损坏。有时离合器分离不彻底,可将离合器拉杆调短几毫米;也有可能是离合器连杆的联接锥销松动或失灵而造成的,应经常检查。

5. 变速箱

变速箱内有2根轴。它有3个前进挡,1个倒挡。Ⅰ挡速度为1.49~3.56 km/h;Ⅱ挡速度为3.442~7.469 km/h;Ⅲ挡速度为9.308~20.324 km/h;倒挡速度为2.86~7.92 km/h。

如果掉挡,应调整变速软轴。调整时,应先将变速杆置于空挡位置,然后再松开两根软轴的固定螺母,调整软轴长度,使变速手柄处于中间位置,紧固两根变速软轴,在驾驶室中检查各个挡位的情况。

对于新的收割机来说,变速箱工作100 h后应将齿轮油换掉,以后每过500 h更换一次。变速箱的加油口也是检查口,平地停车加油时应加到该口处流油为止。变速箱加的应是 80W/90 或 85W/90 齿轮油。末级传动的用油状况与变速箱相同。

6. 制动机构

制动机构上有坡地停车装置。如果收割机在坡地处停车,应踩下制动踏板,将锁片锁在驾驶台台面上,确认制动可靠后方可抬脚,正常行驶前应将锁片松开恢复到原来的状态。

制动器为蹄式,装在从动轴上。制动鼓与从动轴通过花键联接在一起,制动蹄则通过螺栓装在变速箱壳体上。当踏下踏板时,制动臂推动制动蹄向外张开,并与制动鼓靠紧,从而使从动轴停止转动,实现制动。制动间隙是制动蹄与制动鼓之间的自由间隙,反映到脚踏板上,其自由行程应为 20～30 mm,调整部位是制动器下方的螺栓。使用期间应经常检查制动连杆部位有无松动现象,如有问题应及时解决,以保证行车安全。

7. 转轮桥

这里需注意的是如何调整前束,正确调整转向轮前束可以防止轮胎过早磨损。调整时后边缘测量尺寸应比前边缘测量尺寸大 6～8 mm,拧松两侧的紧固螺栓,转动转向拉杆即可调整转向前束。

8. 轮胎气压

驱动轮胎压为 280 kPa,转向轮胎压为 240 kPa。

三、谷物联合收割机使用注意事项

(一)动力机构使用注意事项

发动机是收割机的关键部件,要保证发动机各个零部件的状态良好,并严格按照发动机使用说明书的要求使用。

1. 润滑系统的使用注意事项

（1）机油油位的检查。取出油尺，油位应在上下刻线之间。如果低于下刻线，会影响整台发动机的润滑，应当补充机油，上边有机油加油口。如果油位高于上刻线，应当将油放出，下边有放油口，机油过多将会出现烧机油等故障。

（2）机油油号的选择。3080 型收割机所配发动机要求使用机油的等级是 CC 级（编者注：这里的 CC 级和下面的 CD 级均是指品质等级，我国和美国所用的品质等级代号相同）柴油机油，其中玉柴发动机推荐使用 CD 级机油，夏季使用 SAE40（编者注：这里的 SAE40 和下面的 SAE15W/40 等是指黏度等级，一般表示时不用前缀"SAE"。例如品质等级为 CD 级、黏度等级为 40 号的机油，直接写作 CD40 机油即可），冬季使用 SAE30 或 SAE20。也可使用 SAE15W/40，这种机油属于复合型机油，冬夏都可使用，机器出厂时加的就是 15W/40 机油。

（3）机器的换油周期。对于新车来说，运转 60h 时换新机油，以后每运转 150 h 将油底壳的机油放掉，加入新机油，要求在热车状态下换机油。

2. 燃油系统使用注意事项

（1）柴油油号的选择。发动机要求使用 0 号以上的轻柴油，油号是 0 号、-10 号、-20 号、-35 号，油号也表示这种柴油的凝点，所选用的牌号要根据当地气温而定，保证所选用柴油的凝点比最低环境温度要低 5℃以上。

（2）3080 型收割机油箱容量是 110 L，所加的柴油可达到滤网的下边缘，油箱不要用空。其下部是排污口。每天作业以后将沉淀 24 h 以上的柴油加入油箱，并在每天工作前，打开排污口，将沉淀下来的水和杂质放出。

(3)柴油滤清器的保养。工作期间应根据柴油的清洁度定期清理柴油滤清器,不要在柴油机功率不足、冒黑烟的情况下才进行清理。清理柴油机滤清器时,应卸下滤芯,用柴油清洗干净。

3. 冷却系统使用注意事项

冷却系统是保证发动机有一正常工作温度的工作系统之一,它包括防尘罩、水箱、风扇和水泵等。

(1)冷却水位的检查。打开水箱盖,检查水位是否达到散热片上边缘处,如不足应补充,否则将引起发动机高温。

(2)冷却水的添加。停车加满水后,启动发动机,暖车后水箱的液面会下降,必须进行二次加水,否则将引起发动机高温。

(3)发动机有 3 个放水阀,分别在机体上、水箱下、机油散热器下,结冻前必须打开 3 个放水阀把所加的普通水放掉。

4. 进气系统的使用注意事项

进气系统是向发动机提供充足、干净空气的系统,为了达到这个目的,进气系统安装了粗滤器。粗滤器可以滤除空气中的大粒灰尘,保养时应经常清理皮囊内的灰尘。如发现发动机排气系统冒黑烟,并且功率不足,应清理空气细滤器,拧下端盖旋钮,取下端盖,然后取出滤芯清理。一般情况下,用简单保养方法即可:放在轮胎上,轻轻地拍击以除去灰尘。一般每天要进行两次保养。

(二)液压系统使用注意事项

3080 型联合收割机的液压系统操纵的是割台升降、拨禾轮升降、行走无级变速和行走转向 4 部分,是将发动机输出的机械能通过液压泵转换成液压能,通过控制阀,液压油再去推动油缸,从而重新转变成机械能去操纵相关部分。系统压力的大小取决于工作部件的负荷,即压力随着负载大小而变化。

(1)液压系统要求使用规定的液压油,品种和牌号是 N46 低凝稠化液压油,不可使用低品质液压油或其他油料,否则系统就会产生故障。

(2)液压油在循环中将源源不断地产生热量,油箱也是散热器,必须保证油箱表面的清洁以免影响散热,油箱容积是 15 L。

(3)在各工作油缸全部缩回时,将油加到加油口滤网底面上方 10～40 mm。要求 500 h 或收获季节结束时换液压油,同时更换滤清器。

(4)更换滤清器时可以手用力拧,也可用加力杠杆拧下。滤清器与其座之间的密封件要完好,安装前在密封件上应涂润滑油。拧紧时要在密封件刚刚压紧后再紧 3/4～4/5 圈,不要过紧,运转时如果漏油,可再紧一下。

(5)液压手柄在使用操作后应当能够自动回中,否则会使液压系统长时间高压回油,产生高温,造成零部件损坏。液压系统正常的使用温度不应超过 60℃。

全液压转向机工作省力,正常使用动力转向只需 5 N·m 的扭矩,如果出现转向沉重现象应排除故障。

转向沉重的可能原因如下:液压油油量偏少;液压油牌号不正确或变质;液压泵内泄较严重;转向盘舵柱轴承生锈;转向机人力转向的补油阀封闭不严;转向机的安全阀有脏物卡住或压力偏低。

转向失灵的可能原因如下:弹片折断;拨销折断;联动轴开口处折断或变形;转子与联动轴的相互位置装错;双向缓冲阀失灵;转向油缸失灵。

另外,要注意转向机进油管和回油管的位置不可相互接反,否则将损坏转向机。

新装转向机的管路内常存有空气,在启动之前要反复向两个方向快速转动转向盘以排气。

(三)电气系统使用注意事项

3080 型联合收割机的电气系统采用负极搭铁,直流供电方式,电压是 12 V。

电气系统包括电源部分、启动部分、仪表部分和信号照明部分等,合理、安全使用电气部分有重要意义。

(1)启动用蓄电池型号是 6 - Q - 165。要经常检查电解液液面高度,电解液液面高度应高于极板 10～15 mm,如果因为泄漏而液面降低,应添加电解液,电解液的密度一般是 1.285 g/cm^3;如果因为蒸发而液面降低,应添加蒸馏水。禁止添加浓硫酸或者质量不合格的电解液以及普通水。

(2)在非收获季节,要将蓄电池拆下,放在通风干燥处,每月充电一次。6 - Q - 165 型蓄电池用不大于 16.5 A 的电流充电。

(3)启动发动机以后,启动开关应能自动回位,如果不能自动回位,需要修理或更换,否则将烧毁启动电机。

(4)启动电机每次启动时间不允许超过 10 s,每次启动后需停 2 min 再进行第二次启动,连续启动不可超过 4 次。

(5)发电机是硅整流三相交流发电机,与外调节器配套使用。禁止用对地打火的方法检查发电机是否发电,要注意清理发电机上的灰尘和油垢。

(6)保险丝有总保险和分保险两种。总保险在发动机上,容量为 30A;分保险在驾驶座下。禁止使用导线或超过容量的保险丝代替,以保证安全。

(7)使用前和使用中,注意检查各导线与电器的连接是否松动,是否保持良好接触。此外,应杜绝正极导线裸露搭铁,以保安全。

四、常见故障及排除方法

(一)收割台部分故障及排除方法

收割台部分故障及排除方法见表3-5。

表3-5　收割台部分故障及排除方法

常见故障	故障原因	排除方法
割刀堵塞	1. 遇到石块、木棍、钢丝等障碍物 2. 动、定刀片间隙过大,塞草 3. 刀片或护刃器损坏 4. 作物茎秆太低、杂草过多 5. 动、定刀片位置不"对中"	1. 立即停车,清理故障物 2. 正确调整刀片间隙 3. 更换损坏刀片或护刃器 4. 适当提高割茬 5. 重新"对中"调整
切割器刀片及护刃器损坏	1. 硬物进入切割器 2. 护刃器变形 3. 定刀片高低不一致 4. 定刀片铆钉松动	1. 清除硬物、更换损坏刀片 2. 校正或更换护刃器 3. 重新调整定刀片,使高低一致 4. 重新铆接定刀片
割刀木连杆折断	1. 割刀阻力太大(如塞草、护刃器不平、刀片断裂、变形、压刃器无间隙) 2. 割刀驱动机构轴承间隙太大 3. 木连杆固定螺钉松动 4. 木材质地不好	1. 排除引起阻力太大的故障 2. 更换磨损超限的轴承 3. 检查、紧固螺钉 4. 选用质地坚实硬木作木连杆
刀杆(刀头)折断	1. 割刀阻力太大 2. 割刀驱动机构安装调整不正确或松动	1. 排除引起阻力太大的故障 2. 正确安装调整驱动装置
收割台前堆积作物	1. 割台搅龙与割台底间隙太大 2. 茎秆短、拨禾轮太高或太偏前 3. 拨禾轮转速太低、机器前进速度太快 4. 作物短而稀	1. 按要求视作物长势,合理调整间隙 2. 尽可能降低割茬,适当调整拨禾轮高、低、前、后位置 3. 合理调整拨禾轮转速和收割机的前进速度 4. 适当提高机器前进速度

续表

常见故障	故障原因	排除方法
作物在割台搅龙上架空喂入不畅	1. 机器前进速度偏快 2. 拨指伸出位置不正确 3. 拨禾轮离喂入搅龙太远	1. 降低机器前进速度 2. 应使拨指在前下方时伸入最长 3. 适当后移拨禾轮
拨禾轮打落籽粒太多	1. 拨禾轮转速太高 2. 拨禾轮位置偏前,打击次数多 3. 拨禾轮高,打击穗头	1. 降低拨禾轮转速 2. 后移拨禾轮 3. 降低拨禾轮高度
拨禾轮翻草	1. 拨禾轮位置太低 2. 拨禾轮弹齿后倾角偏大 3. 拨禾轮位置偏后	1. 调高拨禾轮工作位置 2. 按要求调整拨禾轮弹齿角度 3. 拨禾轮适当前移
拨禾轮轴缠草	1. 作物长势蓬乱 2. 茎秆过高、过湿、草多 3. 拨禾轮偏低	1. 停车排除缠草 2. 停车排除缠草 3. 适当提高拨禾轮位置
被割作物向前倾倒	1. 机器前进速度偏高 2. 拨禾轮转速偏低 3. 切割器上壅土堵塞 4. 动刀片切割往复速度太低	1. 适当降低收割速度 2. 适当调高拨禾轮转速 3. 清理切割器壅土,适当提高割茬 4. 调整驱动皮带张紧度
倾斜输送器链耙拉断	1. 链耙失修、过度磨损 2. 链耙调整过紧 3. 链耙张紧调整螺母未靠在支架上,而是靠在角钢上	1. 修理或更换新耙齿 2. 按要求调整链耙张紧度 3. 注意调整螺母一定要靠在支架上,保证链耙有回缩余量

(二)脱谷部分故障及排除方法

脱谷部分故障及排除方法见表3-6。

表 3-6　脱谷部分故障及排除方法

常见故障	故障原因	排除方法
滚筒堵塞	1. 喂入量偏大发动机超负荷 2. 作物潮湿 3. 滚筒凹板间隙偏小 4. 发动机工作转速偏低，严重变形	1. 停车熄火清除堵塞作物 2. 控制喂入量，避免超负荷，适时收割 3. 合理调整滚筒间隙 4. 发动机一定要保证额定转速工作
谷粒破碎太多	1. 滚筒转速过高 2. 滚筒间隙过小 3. 作物"口松"、过熟 4. 杂余搅龙籽粒偏多 5. 复脱器装配调整不当	1. 合理调整滚筒转速 2. 适当放大滚筒凹板间隙 3. 适期收割 4. 合理调整清选室风量、风向及筛片开度 5. 依实际情况调整复脱器搓板数
滚筒脱粒不净率偏高	1. 发动机转速不稳定，滚筒转速忽高忽低 2. 凹板间隙偏大 3. 超负荷作业 4. 纹杆或凹板磨损超限或严重变形 5. 作物收割期偏早 6. 收水稻仍采用收麦的工作参数	1. 保证发动机在额定转速下工作，将油门固定牢固，不准用脚油门 2. 合理调整间隙 3. 避免超负荷作业，根据实际情况控制作业速度，保证喂入量稳定、均匀 4. 更换磨损超限和变形的纹杆、凹板 5. 适期收割 6. 收水稻一定采用收水稻的工作参数
既脱不净又破碎较多，甚至有漏脱穗	1. 纹杆、凹板弯曲扭曲变形严重 2. 板齿滚筒转速偏高，而板齿凹板齿面未参与工作 3. 板齿滚筒转速偏低，而板齿凹板齿面参与工作 4. 活动凹板间隙偏大，滚筒转速偏高 5. 轴流滚筒转速偏高	1. 更换纹杆、凹板 2. 滚筒保持额定转速工作，将凹板齿面调至工作状态 3. 滚筒保持额定转速工作 4. 规范调整滚筒转速和凹板间隙 5. 降低轴流滚筒转速至标准值

续表

常见故障	故障原因	排除方法
滚筒转速不稳定或有异常声音	1. 喂入量不均匀,存在瞬时超负荷现象 2. 滚筒室有异物 3. 螺栓松动、脱落或纹杆损坏 4. 滚筒不平衡 5. 滚筒产生轴间窜动与侧臂产生摩擦 6. 轴承损坏	1. 灵活控制作业速度、避免超负荷作业,保证喂入量均匀、稳定 2. 停车、熄火排除滚筒室异物 3. 停车、熄火重新紧固螺栓,更换损坏纹杆 4. 重新平衡滚筒 5. 调整并紧固牢靠 6. 更换轴承
排出的茎秆中夹带籽粒偏多	1. 逐稿器(键式)曲轴转速偏低或偏高 2. 键面筛孔堵塞 3. 挡草帘损坏、缺损 4. 横向抖草器损坏 5. 作物潮湿、杂草多 6. 超负荷作业	1. 保证曲轴转速在规定范围内($R = 50mm$ 时,$n = 180 \sim 220 \ r/min$) 2. 经常检查,清除堵塞物 3. 修复补齐挡草帘 4. 修复抖草器 5. 适期收割 6. 控制作业速度,保证喂入量均匀不超负荷作业
排出的杂余中籽粒含量偏高	1. 筛片开度偏小 2. 风量偏大籽粒被吹出机外 3. 喂入量偏大 4. 滚筒转速高,脱粒间隙小茎秆太碎 5. 风量、风向调整不当	1. 适当调大筛片开度 2. 合理调整风量 3. 减小喂入量 4. 控制滚筒在额定转速下工作,适当调大脱粒间隙 5. 合理调整风量风向
逐稿器木轴瓦有声响	1. 木轴瓦间隙过大 2. 木轴瓦螺栓松动	1. 调整木轴瓦间隙 2. 拧紧松动的螺栓
粮食中含杂偏高	1. 上筛前端开度大 2. 风量偏小,风向调整不当	1. 适当减小筛片开度 2. 适当调大风量和合理调整风向
杂余中粮粒太多	1. 风量偏小 2. 下筛开度偏大 3. 尾筛后部抬得过高	1. 加大风量 2. 减小下筛开度 3. 降低尾筛后端高度

常见故障	故障原因	排除方法
粮食穗头太多	1. 上筛前端开度太大 2. 风量太小 3. 滚筒纹杆弯曲、凹板弯曲扭曲变形严重 4. 钉齿滚筒钉齿凹板装配不符合要求,偏向一侧 5. 复脱器搓板少,或磨损	1. 适当调整减小筛片开度 2. 合理调大风量 3. 更换损坏的纹杆或凹板 4. 调整装配关系,保证每个钉齿两侧间隙大小一致 5. 修复复脱器,增加搓板。更换磨损超限的搓板
升运器堵塞	1. 刮板链条过松 2. 皮带打滑 3. 作物潮湿	1. 停车熄火排除堵塞,调整链条紧度 2. 张紧皮带紧度 3. 适期收割
复脱器堵塞	1. 安全离合器弹簧预紧力小 2. 皮带打滑 3. 作物潮湿 4. 滚筒脱出物太碎、杂余太多	1. 停机熄火,清除堵塞,安全弹簧预紧力调至标准 2. 调整皮带紧度 3. 适期收割 4. 合理调整滚筒转速和脱粒间隙

(三)行走系统故障及排除方法

行走系统故障及排除方法见表3-7。

表3-7 行走系统故障及排除方法

常见故障	故障原因	排除方法
行走离合器打滑	1. 分离杠杆不在同一平面内 2. 分离轴承注油太多、摩擦片进油 3. 摩擦片磨损超限,弹簧压力降低,或摩擦片铆钉松动 4. 压盘变形	1. 调整分离杠杆螺母 2. 注意不要注油太多。彻底清洗摩擦片 3. 更换磨损的摩擦片 4. 更换变形压盘

续表

常见故障	故障原因	排除方法
行走离合器分离不清	1. 分离杠杆与分离轴承之间间隙偏大,主被动盘分离不彻底 2. 分离杠杆和分离轴承间隙不等,主被动盘不能彻底分离 3. 分离轴承损坏	1. 调整其间隙至标准 2. 检查调整其间隙,分离杠杆指端应在同一平面内,偏差不大于±0.5 mm,否则应更换膜片弹簧 3. 更换分离轴承
挂挡困难或掉挡	1. 离合器分离不彻底 2. 小制动器制动间隙偏大 3. 工作齿轮啮合不到位 4. 换挡轴锁定机构不能定位 5. 推拉软轴拉长	1. 及时调整离合器分离轴承间隙 2. 及时调整小制动器间隙 3. 调整软轴长度 4. 调整锁定机构弹簧预紧力 5. 调整推拉软轴调整螺母
变速箱工作有响声	1. 齿轮严重磨损 2. 轴承损坏 3. 润滑油油面不足或油号不对	1. 更换新齿轮 2. 更换新轴承 3. 检查油面和油型
变速范围达不到	1. 变速油缸工作行程达不到要求 2. 变速油缸工作时不能定位 3. 动盘滑动副缺油卡死 4. 行走皮带拉长打滑	1. 系统内泄,送修理厂检修 2. 系统内泄,送修理厂检修 3. 及时润滑 4. 调整无级变速轮张紧架
最终传动齿轮室有异声	1. 边减半轴窜动 2. 轴承没注油或进泥损坏 3. 轴承座螺栓和紧定套未锁紧	1. 检查边减半轴固定轴承和轮轴固定螺钉 2. 更换轴承,清洗边减齿轮 3. 拧紧螺栓和紧定套

常见故障	故障原因	排除方法
行走无级变速器皮带过早磨损和拉断	1. 产品质量差	1. 选用合格产品
	2. 叉架与机器侧臂不平行,叉架轴与叉架套装配间隙过大	2. 装配时保证叉架与机器侧臂的平行和叉架轴与叉架套配合间隙正确
	3. 中间盘盘毂与边盘盘毂间隙过大,工作中中间盘摆动	3. 调整正确的装配间隙
	4. 限位挡块调整不当,超过正常无级变速范围,三角带常落入中间盘与边盘的斜面内部,皮带局部受夹、打滑	4. 正确调整挡块位置
	5. 三角皮带太松,产生剧烈抖动打滑	5. 注意随时调整三角带张紧度
	6. 驱动轮(或履带)沾泥挤泥,污染三角带造成打滑	6. 经常清理驱动轮沾泥
	7. 行走负荷重(阴雨泥泞)	7. 行走负荷重时,应停车变速,尽量避免重负荷时使用无级变速

(四)液压系统常见故障及排除方法

液压系统常见故障及排除方法见表3-8。

表3-8 液压系统常见故障及排除方法

常见故障	故障原因	排除方法
液压系统所有油缸接通分配器时,不能工作	1. 油箱油位过低	1. 加油至标准位置
	2. 油泵未压油	2. 检查修理油泵
	3. 安全阀的调整和密封不好	3. 调整或更换
	4. 分配器位置不对	4. 检查调整
	5. 滤清器被脏物堵塞	5. 清洗滤清器

续表

常见故障	故障原因	排除方法
割台和拨禾轮升降迟缓或根本不能升降	1. 溢流阀工作压力偏低 2. 油路中有空气 3. 滤清器被脏物堵塞 4. 齿轮泵内泄 5. 齿轮泵传动带未张紧 6. 油缸节流孔堵塞 7. 油管漏油或输油不畅	1. 按要求调整溢流阀工作压力 2. 排气 3. 清洗滤清器 4. 检查泵内卸压片密封圈和泵盖密封圈 5. 按要求张紧传动带 6. 卸开油缸接头、清除脏物 7. 更换油管
收割台或拨禾轮升降不平稳	油路中有空气	在油缸接头处排气
割台升不到所需高度	油箱内油太少	加至规定油面
割台和拨禾轮在升起位置时自动下降	1. 油缸密封圈漏油 2. 分配阀磨损漏油或轴向位置不对 3. 单向阀密封不严	1. 更换密封圈 2. 修复或更换滑阀及操纵机构 3. 研磨单向阀锥面及更换密封胶圈
油箱内有大量泡沫	1. 油箱进入空气或水 2. 油泵内漏吸入空气	1. 拧紧吸油管,修复油泵密封件,更换油封,有水时应更换新油 2. 检查并加以密封
液压转向跑偏	1. 转向器拨销变形或损坏 2. 转向弹簧片失效 3. 联动轴开口变形	送专业修理厂
液压转向慢转轻、快转重	油泵供油不足,油箱不满	检查油泵工作是否正常,保证油面高度
方向盘转动时,油缸时动时不动	转向系统油路中有空气	排气并检查吸油管路是否漏气

常见故障	故障原因	排除方法
转向沉重	1. 油箱不满 2. 油液黏度太大 3. 分流阀的安全阀工作压力过低或被卡住 4. 阀体、阀套、阀芯之间有脏物卡住 5. 阀体内钢球单向阀失效	1. 加油至要求油面 2. 使用规定油液 3. 调整、清洗分流阀的安全阀 4. 清洗转向机 5. 如钢球丢失，应重补装钢球；如有脏物卡住，应清洗钢球
安全阀压力偏低或偏高	1. 安全阀开启压力调整不合适 2. 弹簧变形，压力偏小或过大	1. 在公称流量情况下，调安全阀压力 2. 检查弹簧技术状态和安装尺寸，增加或减少调压垫片
稳定公称流量过大	1. 分流阀阀芯被杂质卡住 2. 分流阀阀芯弹簧压缩过大 3. 阀芯阻尼孔堵塞	1. 清洗阀芯，更换液压油 2. 检查装配情况，调整弹簧压力 3. 清洗阻尼孔道，更换清洁液压油
方向盘压力振摆明显增加，甚至不能转动	拔销或联动器开口折断或变形	更换损坏件
稳定公称流量偏低	1. 配套油泵容积效率下降，油泵在发动机低速时，供油不足，低于稳定公称流量 2. 分流阀阀芯或安全阀阀芯被杂质卡住 3. 阀芯弹簧或安全阀弹簧损坏或变形 4. 分流阀阀芯或安全阀阀芯磨损，间隙过大，内漏增大 5. 安全阀阀座密封圈损坏	1. 更换或修复油泵 2. 清洗阀芯，并更换清洁液压油 3. 更换新弹簧 4. 更换新阀芯 5. 更换新密封圈

续表

常见故障	故障原因	排除方法
转向失灵、方向盘不能自动回中	弹簧片折断	更换新品
方向盘回转或左右摆动	转子与联动器相互位置装错	将联动器上带冲点的齿与转子花键孔带冲点的齿相啮合
油泵工作时噪声过大	1. 油箱中油面过低 2. 吸油路不畅通 3. 吸油路密封不严吸入空气	1. 加油至要求油面高度 2. 检查疏通不畅油路 3. 检查并加以密封
卡套式接头漏油	被连接管未对正接头体，或螺母未按正确方法拧紧	被连接管对准接头体内正接端面，然后边拧紧螺母，边转动管子，当转子不能转动时，继续旋紧螺母1～4/3圈为宜。安装前卡套刃口端面与管口端面预留6 mm左右距离，拧接头时，不准扭转管子
无级变速器油缸进退迟缓	1. 溢流阀工作压力偏低 2. 油路中有空气 3. 滤清器堵塞 4. 齿轮泵内漏 5. 齿轮泵传动皮带松 6. 油缸节流孔堵塞	1. 按要求调溢流阀工作压力至标准 2. 排气 3. 清洗滤清器 4. 检查更换密封圈 5. 张紧传动皮带 6. 卸掉油缸接头，清除脏物
无级变速器换向阀居中，油缸自动退缩	1. 油缸密封圈失效 2. 阀体与滑阀因磨损或拉伤间隙大，油温高，油黏度低 3. 滑阀位置没有对中 4. 单向阀（锥阀）密封带磨损或沾脏物	1. 更换密封圈 2. 送专业厂修理或更换滑阀，油面过低加油，选择适合的液压油 3. 使滑阀位置保持对中 4. 更换单向阀或清除污物
无级变速器油缸进退速度不平稳	1. 油路中有空气 2. 溢流阀工作不稳定 3. 油缸节流孔堵塞	1. 排气 2. 更换新弹簧 3. 卸开接头、清除污物

常见故障	故障原因	排除方法
熄火转向时,方向盘转动而油缸不动(不转动)	转子和定子的径向间隙或轴向间隙过大	更换转子

(五)电气系统故障及排除方法

电气系统故障及排除方法见表3-9。

表3-9　电气系统故障及排除方法

常见故障	故障原因	排除方法
蓄电池经常供电不足	1. 发电机或调节器有故障,没有充电电流 2. 充电线路或开关触点锈蚀,接头松动,充电电阻增高 3. 蓄电池极板变形短路 4. 蓄电池内电解液太少或比重不对 5. 发电机皮带太松	1. 检修发电机、调节器 2. 清除触点锈蚀、拧紧各接线头 3. 更换干净电解液,更换变形极板 4. 添加电解液至标准,检查比重 5. 张紧皮带
蓄电池过量充电	调节器不能维持所需要的充电电压	调整或更换调节器
蓄电池充电不足(充不进电)	1. 极板硫化严重 2. 电解液不纯 3. 极板翘曲	1. 更换极板 2. 更换纯度高的电解液 3. 更换新极板
起动机不转	1. 保险丝熔断 2. 接头接触不良或断路 3. 蓄电池没电或电压太低 4. 电刷、换向器或电源开关触点接触不良 5. 起动电机内部短路或线圈烧毁	1. 更换保险丝 2. 检查清理接头、触点和线路 3. 蓄电池充电或更换新蓄电池 4. 调整电刷弹簧压力,清理各接触点 5. 更换新起动机

常见故障	故障原因	排除方法
起动机有吸铁声，但无力启动发动机	1. 蓄电池电压过低 2. 电源开关的铁芯行程不对 3. 环境温度太低 4. 起动机内部故障	1. 充电、补充电解液，或更换新蓄电池 2. 通过偏心螺钉调整 3. 更换新起动机 4. 更换新起动机
发动机启动后，齿轮不能退出	1. 开关钥匙没回位 2. 电源开关的触点熔在一起 3. 电源开关行程没调好	1. 启动后，开关钥匙应立即回位 2. 锉平或用砂纸打光触点 3. 调整偏心螺钉
发电机不能发电或发电不足	1. 线路接触不良或接错 2. 定子或转子线圈损坏 3. 电刷接触不良 4. 调节器损坏 5. 皮带太松	1. 对照电路图和接线图检查并保证各接点接触良好 2. 换新发电机 3. 调整或换新炭刷 4. 换新调节器 5. 张紧皮带
仪表不指示	1. 线路接触不良 2. 保险丝熔断 3. 传感器损坏	1. 检查并拧紧螺钉 2. 换新保险丝 3. 换新传感器
灯泡不亮	1. 开关损坏，线路接触不好 2. 保险丝熔断，灯泡坏	1. 换新开关，检查拧紧各接触点 2. 换相同规格保险丝，换灯泡

（六）发动机常见故障及排除方法

发动机常见故障及排除方法见表3-10。

表3-10　发动机常见故障及排除方法

常见故障	故障原因	排除方法
发动机工作时震动大（不平稳）	1. 机油不足 2. 燃油系统进气 3. 供油提前角不正确 4. 喷油器阀体烧毁黏着 5. 发动机内部问题	1. 添加对号机油至标准油面 2. 排气 3. 送专业厂（所）修理 4. 送专业厂（所）修理 5. 送专业厂（所）修理

常见故障	故障原因	排除方法
发动机启动困难或不能启动	1. 无燃油 2. 油水分离器滤芯堵塞 3. 燃油系统内有水、污物或空气 4. 燃油滤芯堵塞 5. 燃油牌号不正确 6. 启动回路阻抗过高 7. 曲轴箱机油黏度值过高 8. 喷油嘴有污物或失效 9. 喷油泵失效 10. 发动机内部问题	1. 加油,并给供油系统排气 2. 清洗或更换新滤芯 3. 定期放油箱沉淀,加清洁燃油,排气 4. 更换滤芯、排气 5. 使用适合于使用条件的燃油 6. 清理、紧固蓄电池及起动继电器上的线路 7. 换用黏度和质量合格的机油 8. 修理或更换新油嘴 9. 送修理厂修理、校正油泵 10. 送修理厂修理
发动机运转不稳定,经常熄火	1. 冷却水温太低 2. 油水分离器滤芯堵塞 3. 燃油滤芯堵塞 4. 燃油系统内有水、污物或空气 5. 喷油嘴有污物或失效 6. 供油提前角不正确 7. 气门推杆弯曲或阀体黏着	1. 运转预热水温超过60℃时工作 2. 更换滤芯 3. 更换滤芯并排气 4. 排气、冲洗重新加油并排气 5. 送专业厂(所)修理 6. 送专业厂(所)修理 7. 送专业厂(所)修理
发动机功率不足	1. 供油量偏低 2. 进气阻力大 3. 油水分离器滤芯堵塞 4. 发动机过热	1. 检查油路是否通畅,是否有气,校正油泵 2. 清洁空气滤清器 3. 更换滤芯 4. 参看"发动机过热故障"排除
发动机过热	1. 冷却水不足 2. 散热器或旋转罩堵塞 3. 旋转罩不转动 4. 风扇传动带松动或断裂 5. 冷却系统水垢太多 6. 节温器失灵 7. 真空除尘管堵塞 8. 风扇转速低 9. 风扇叶片装反	1. 加满水,并检查散热器及软管是否渗漏 2. 清理散热器和旋转罩(防尘罩) 3. 传动带脱落或断裂,更换 4. 更换损坏传动带 5. 彻底清洗、排垢 6. 更换新品 7. 清理除尘管 8. 调整皮带紧度 9. 重新正确装配

续表

常见故障	故障原因	排除方法
机油压力偏低	1. 机油液面低 2. 机油牌号不正确 3. 机油散热器堵塞 4. 油底壳机油污物多,吸油滤网堵塞	1. 加至标准液面 2. 更换正确牌号机油 3. 清除堵塞或送专业人员修理 4. 更换清洁机油,清洗滤网
发动机机油消耗过大	1. 进气阻力大 2. 系统有渗漏 3. 曲轴箱机油黏度低 4. 机油散热器堵塞 5. 拉缸或活塞环对口 6. 发动机压缩系统磨损超限	1. 检查清理空气滤清器,清理进气口 2. 检查管路、密封件和排放塞等是否渗漏 3. 换用标号正确的机油 4. 清理堵塞 5. 送专业人员修理 6. 送专业人员修理
发动机燃油耗量过高	1. 空气滤清器堵塞或有污物 2. 燃油标号不对 3. 喷油器上有污物或缺陷 4. 发动机正时不正确 5. 油泵供油量偏大 6. 供油系统渗漏严重	1. 清除堵塞、清理过滤元件 2. 换用标号正确燃油 3. 送专业人员修理 4. 送专业人员修理,重新调整正时 5. 送专业人员修理,重调标准供油量 6. 检查清理排气不畅
发动机冒黑烟或灰烟	1. 空气滤清器堵塞 2. 燃油标号不正确 3. 喷油器有缺陷 4. 油路内有空气 5. 油泵供油量偏大 6. 供油系统渗漏	1. 清除堵塞 2. 更换符合要求标号燃油 3. 换新件或送专业人员修理 4. 排气 5. 检查清理排气不畅 6. 请专业人员修理
发动机冒白烟	1. 发动机机体温度太低 2. 燃油牌号不正确 3. 节温器有缺陷 4. 发动机正时不正确	1. 预热发动机至正确工作温度 2. 使用十六烷值的燃油 3. 拆卸检查或更换新品 4. 送专业人员修理

续表

常见故障	故障原因	排除方法
发动机冒蓝烟	1. 发动机活塞环对口 2. 发动机压缩系统磨损超限 3. 新发动机未磨合 4. 曲轴箱油面过高	1. 重新安装活塞环 2. 送专业人员修理、更换磨损超限零件 3. 按规范磨合发动机 4. 放沉淀、使油面降至标准

第三节 玉米果穗联合收割机的使用与维护

玉米是我国主要粮食作物之一,种植面积大,玉米收割机械的发展很快,购买玉米收割机的用户日趋增多。然而玉米收割机技术含量高,对农民来说是一种新型农机具,而且玉米联合收割机结构复杂,运动部件多,作业环境差,农民对玉米收割机的使用和维护保养知识还比较缺乏。

一、玉米果穗联合收割机的构造及工作过程

约翰迪尔6488型玉米果穗联合收割机是约翰迪尔佳联收获机械有限公司在吸收国内外玉米果穗联合收割机技术的基础上,自主研发的玉米收获机械。该机设计新颖,在割台、剥皮、茎秆粉碎处理等方面进行大胆创新,适合我国东北玉米种植的农艺要求。该机可以一次完成玉米果穗收获的全过程作业。专用于玉米果穗收获,满足国内玉米收获水分过多、不易直接脱粒的特点。具有结构紧凑、性能完善、作业效率高、作业质量好等优点。

约翰迪尔6488型玉米果穗联合收割机主要由割台(摘穗)、

过桥、升运器、剥皮机(果穗剥皮)、籽粒回收箱、粮箱、卸粮装置、传动装置、切碎器(秸秆还田)、发动机部分、行走系统、液压系统、电气系统和操作系统等组成,如图 3-12 所示。

图 3-12 约翰迪尔 6488 型玉米果穗联合收割机总体结构

当玉米果穗联合收割机进入田间收获时,分禾器从根部将禾秆扶正并导向带有拨齿的拨禾链,拨禾链将茎秆扶持并引向摘穗板和拉茎辊的间隙中,每行有一对拉茎辊将禾秆强制向下方拉引。在拉茎辊上方设有两块摘穗板。两板之间间隙(可调)较果穗直径小,便于将果穗摘落。已摘下的果穗被拨禾链带到横向搅龙中,横向搅龙再把它们输送到倾斜输送器,然后通过升运器均匀地送进剥皮装置,玉米果穗在星轮的压送下被相互旋转的剥皮辊剥下苞叶,剥去苞叶的果穗经抛送轮拨入果穗箱;苞叶经下方的输送螺旋推向一侧,经排茎辊排出机体外。剥皮过程中部分脱落的籽粒回收在好粒回收箱中,当果穗集满后,由驾驶员控制粮箱翻转完成卸粮;被拉茎秆连同剥下的苞叶被切碎器切碎还田。

二、玉米果穗联合收割机的使用调整

(一)割台

割台主要由分禾器、摘穗板、拉茎辊、拨禾链、齿轮箱、中央搅龙、橡胶挡板组成。

1. 分禾器的调节

作业状态时,分禾器应平行地面,离地面 10～30 cm;收割倒伏作物时,分禾器要贴附地面仿形;收割地面土壤松软或雪地时,分禾器要尽量抬高防止石头或杂物进入机体内。

收割机公路行走时,需将分禾器向后折叠固定,或拆卸固定,可防止分禾器意外损坏。分禾器通过开口销(B)与护罩连接,将开口销(B)、销轴(A)拆除,即可拆下分禾器。

2. 挡板的调节

橡胶挡板(A)的作用是防止玉米穗从拨禾链内向外滑落,造成损失。当收割倒伏玉米或在此处出现拥堵时,要卸下挡板,防止推出玉米。卸下挡板后,与固定螺栓一起存放在可靠的地方保留。

3. 喂入链、摘穗板的调节

喂入链的张紧度是由弹簧自动张紧的。弹簧调节长度 L 为 11.8～12.2 cm。摘穗板(B)的作用是把玉米穗从茎秆上摘下。安装间隙:前端为 3 cm,后端为 3.5～4 cm。摘穗板(B)开口尽量加宽,以减少杂草和断茎秆进入机器。

4. 拉茎辊间隙调整

拉茎辊用来拉引玉米茎秆。拉茎辊位于摘穗架的下方,平行对中,中心距离 $L=8.5～9$ cm,可通过调节手柄(A)调节拉茎辊之间的间隙(图 3 - 13)。

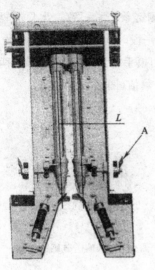

图 3 - 13 拉茎辊间隙调整

为保持对称,必须同时调整一组拉茎辊,调整后拧紧锁紧螺母。拉茎辊间隙过小,摘穗时容易掐断茎秆;拉茎辊间隙过大,易造成拨禾链堵塞。

5. 中央搅龙的调整

为了顺利、完整的输送,搅龙叶片应尽可能地接近搅龙底壳,此间隙应小于 10 mm,过大易造成果穗被啃断、掉粒等损失;过小刮碰底板。

(二)倾斜输送器

倾斜输送器又称过桥,起到连接割台和升运器的作用。倾斜输送器围绕上部传动轴旋转来提升割台,确保机器在公路运输和田间作业时割台离地面能够调整到合适的间隙。

作物从过桥刮板上方向后输送。观察盖用于检查链把的松紧。在中部提起刮板,刮板与下部隔板的间隙应为(60±15)mm。两侧链条松紧一致。出厂时两侧的螺杆长度为(52±5)mm,作业一段时间后,链节可能伸长,需要及时调整。

调整方法是:用扳手将紧固于固定板 C 两侧的螺母 B 旋入或旋出以改变 X 的数值(图 3-14)。

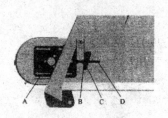

图 3-14　输送链耙的调整

(三)升运器

升运器的作用是从倾斜输送器得到作物,然后将玉米输送到剥皮机。升运器中部和上部有活门,用于观察和清理。

1. 升运器链条调整

升运器链条松紧是通过调整升运器主动轴两端的调节板的调整螺栓而实现的,拧松 5 个六角螺母(A),拧动张紧螺母(B),改变调节板(C)的位置,使得升运器两链条张紧度应该一致,正常张紧度应该用手在中部提起链条时,链条离底板高度为 30～60 mm。使用一段时间后,由于链节拉长,通过螺杆已经无法调整时,可将链条卸下几节。

2. 排茎辊上轴角度调整

拉茎辊的作用是将大的茎秆夹持到机外。拉茎辊的上轴位置可调,可在侧壁上的弧形孔作 5°～10°的旋转调整,以达到理想的排茎效果。出厂前,拉茎辊轴承座在弧形孔中间位置,调整时,松开四个螺母,保持拉茎辊下轴不动,缓慢转动轴承座的位置,使上下轴达到合适的角度,然后拧紧所有螺栓。

3. 风扇转速调整

该风扇产生的风吹到升运器的上端,将杂余吹出到机体外。该风扇是平板式的,如果采用流线型的将会造成玉米叶子抽到风扇中。

风扇转速调整是拆下升运器右侧护罩,松开链条,拆下二次拉茎辊主动链轮,更换成需要的链轮,然后连接链条,装好护罩。

风扇的转速有三种:1 211 r/min、1 292 r/min 和 1 384 r/min,它是通过更换排茎辊的输入链轮来完成的。当使用 16 齿链轮时其转数为 1 211 r/min;当使用 15 齿链轮时,其转速为 1 292 r/min(出厂状态);当使用 14 齿链轮时,转速为 1 384 r/min。

(四)剥皮输送机

剥皮输送机简称剥皮机,是将玉米果穗的苞叶剥除的装置,同时将果穗输送到果穗箱。

剥皮机由星轮和剥皮辊组成,五组星轮,五组剥皮辊。每组剥皮辊有四根剥皮辊,铁辊是固定辊,橡胶辊是摆动辊。

剥皮输送机工作过程:果穗从升运器落入剥皮机中,经过星轮压送和剥皮辊的相对转动剥除苞叶,并除去残余的断茎秆及穗头,然后经抛送辊将去皮果穗抛送到粮箱。

1. 星轮和剥皮辊间隙调整

压送器(星轮)与剥皮辊的上下间隙可根据果穗的粗细程度进行调整。调整位置:前部在环首螺栓处(左右各一个),后部在环首螺栓处(左右各一个),调整完毕后,需重新张紧星轮的传动链条。出厂时,星轮和剥皮辊之间的间隙为 3 mm。压送器(星轮)最后一排后面有一个抛送辊,起到向后抛送玉米果穗作用。

2. 剥皮辊间隙调整

通过调整外侧一组螺栓(A),改变弹簧压缩量 X,实现剥皮辊之间距离的调整。出厂时压缩量 Z 为 61 mm。

3. 动方输入链轮、链条的调节

调节张紧轮(A)的位置,改变链条传动的张紧程度。对调组合链轮(B)可获得不同的剥皮辊转速。

将双排链轮反过来,会产生两种剥皮机速度,出厂时转速为 420 r/min,链轮反转安装时,转速为 470 r/min。齿轮箱的输入端配有安全离合器。

(五)籽粒回收装置

籽粒回收装置由好粒筛和籽粒箱组成,位于剥皮机正下方,用于回收输送剥皮过程中脱落的籽粒,好粒经筛孔落入下部的籽粒箱,玉米苞叶和杂物经筛子前部排出。

籽粒筛角度可通过调整座(A)调整,好粒筛面略向下倾斜,是出厂状态,拆掉调整座(A),好粒筛向上倾斜,降低籽粒损失。

(六)茎秆切碎器

切碎器的主要作用是将摘脱果穗的茎秆及剥皮装置排出的茎叶粉碎均匀抛撒还田。茎秆切碎器的主轴旋转方向与机器前进方向相反,即逆向切割茎秆。由于刀轴的高速逆行驶方向旋转,可将田间摘脱果穗的茎秆挑起,同时将散落在田间的苞叶吸起,随着刀轴的转动,动定刀将其打碎,碎茎秆沿壳体均匀抛至田间。

茎秆切碎器的组成:转子、仿形辊、支架、甩刀、传动(齿轮箱换向)装置。

1. 割茬高度的调整

仿形辊的作用主要是完成对切茬高度的控制,工作时,仿形辊接地,使切碎器由于仿行辊的作用而随着地面的变化而起伏,达到留茬高度一致的目的。调整仿形辊的倾斜角度,以控制割茬高度。留茬太低,动刀打土现象严重,动刀(或锤爪)磨损,功率消耗增大;留茬太高,茎秆切碎质量差。

调整时松开螺栓(B),拆下螺栓(C),使仿形辊(A)围绕螺栓(B)转动到恰当位置,然后固定螺栓(C)。仿形辊向上旋转,割茬高度低;仿形辊向下旋转,割茬高度高(图 3-15)。

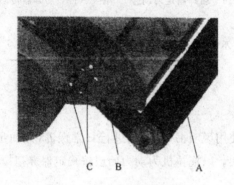

图 3-15　割茬高度调整

2. 切碎器定刀的调整

调整定刀(A)时,松开螺栓(B)向管轴方向推动定刀(A),茎秆粉碎长度短,反之茎秆粉碎长度长。用户根据需要进行调整(图 3-16)。

3. 切碎器传动带张紧度调整

切碎器传动皮带由弹簧(A)自动张紧,出厂时,弹簧长度为(84±2)mm,需要根据皮带的作业状态进行适当调整,调整后需将螺母(B)锁紧。调整的基本要求:在正常的负荷下,皮带不能打滑和丢转(图 3 - 17)。只在调整皮带张紧度时方可拆防护罩。

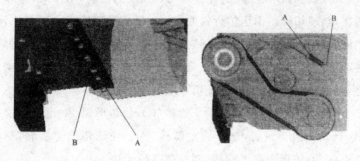

图 3 - 16　切碎器定刀调整　　图 3 - 17　切碎器传动带张紧度调整

三、玉米果穗联合收割机的维护保养

(一)割前准备

1. 保养

按照使用说明书,对机器进行日常保养,并加足燃油、冷却水和润滑油。以拖拉机为动力的应按规定保养拖拉机。

2. 清洗

收获工作环境恶劣,草屑和灰尘多,容易引起散热器、空气滤清器堵塞,造成发动机散热不好、水箱开锅。因此必须经常清洗散热器和空气滤清器。

3. 检查

检查收割机各部件是否松动、脱落、裂缝、变形,各部位间隙、距离、松紧是否符合要求;启动柴油机,检查升降提升系统是否正常,各操纵机构、指示标志、仪表、照明、转向系统是否正常,然后结合公里,轻轻松开离合器,检查各运动部件、工作部件是否正常,有无异常响声等。

4. 田间检查

(1)收获前 10～15 天,应做好田间调查,了解作业田里玉米的倒伏程度、种植密度和行距、最低结穗高度、地块的大小和长短等情况,制定好作业计划。

(2)收获前 3～5 天,将农田中的渠沟、大垄沟填平,并在水井、电杆拉线等不明显障碍物上设置警示标志,以利于安全作业。

(3)正确调整秸秆粉碎还田机的作业高度,一般根茬高度为8 cm 即可,调得太低刀具易打土,会导致刀具磨损过快,动力消耗大,机具使用寿命低。

(二)使用注意事项

1. 试运转前的检查

(1)检查各部位轴承及轴上高速转动件的安装情况是否正常。

(2)检查 V 带和链条的张紧度。

(3)检查是否有工具或无关物品留在工作部件上,防护罩是否到位。

(4)检查燃油、机油、润滑油是否到位。

2. 空载试运转

(1)分离发动机离合器,变速杆放在空挡位置。

(2)启动发动机,在低速时接合离合器。待所有工作部件和各种机构运转正常时,逐渐加大发动机转速,一直到额定转速为止,然后使收割机在额定转速下运转。

(3)运转时,进行下列各项检查:顺序开动液压系统的液压缸,检查液压系统的工作情况。液压油路和液压件的密封情况;

检查收割机(行驶中)制动情况。每经 20 min 运转后,分离一次发动机离合器,检查轴承是否过热、皮带和链条的传动情况,各连接部位的紧固情况。用所有的挡位依次接合工作部件时,对收割机进行试运转,运行时注意各部件的情况。

注意:就地空转时间不少于 3 h,行驶空转时间不少于 1 h。

3. 作业试运转

在最初作业 30 h,建议收割机的速度比正常速度低20%~25%,正常作业速度可按说明书推荐的工作速度进行。试运转结束后,要彻底检查各部件的装配紧固程度、总成调整的正确性、电气设备的工作状态等。更换所有减速器、闭合齿轮箱的润滑油。

4. 作业时应注意的事项

(1)收割机在长距离运输过程中,应将割台和切碎机构挂在后悬挂架上,并且只允许中速行驶,除驾驶员外,收割机上不准坐人。

(2)玉米收割机作业前应平稳接合工作部件离合器,油门由小到大,到稳定额定转速时,方可开始收获作业。

(3)玉米收割机在田间作业时,要定期检查切割粉碎质量和留茬高度,根据情况随时调整割茬高度。

(4)根据抛落到地上的籽粒数量来检查摘穗装置工作。籽粒的损失量不应超过玉米籽粒总量的 0.5%。当损失大时应检查摘穗板之间的工作间隙是否正确。

(5)应适当中断玉米收割机工作 1~2 min。让工作部件空运转,以便从工作部件中排除所有玉米穗、籽粒等余留物,以免工作部件堵塞。当工作部件堵塞时,应及时停机清除堵塞物,否则将会导致玉米收割机负荷加大,使零部件损坏。

（6）当玉米收割机转弯或者沿玉米垄行作业遇到水洼时，应把割台升高到运输位置。

注意：在有水沟的田间作业时，收割机只能沿着水沟方向作业。

（三）维护保养

1. 技术保养

（1）清理。经常清理收割机割台、输送器、还田机等部位的草屑、泥土及其他附着物。特别要做好拖拉机水箱散热器、除尘罩的清理，否则直接影响发动机正常工作。

（2）清洗。空气滤清器要经常清洗。

（3）检查。检查各焊接件是否开焊、变形，易损件如锤爪、皮带、链条、齿轮等是否磨损严重、损坏，各紧固件是否松动。

（4）调整。调整各部间隙，如摘穗辊间隙、切草刀间隙，使间隙保持正常；调整高低位置，如割台高度等符合作业要求。

（5）张紧。作业一段时间后，应检查各传动链、输送链、三角带、离合器弹簧等部件松紧度是否适当，按要求张紧。

（6）润滑。按说明书要求，根据作业时间，对传动齿轮箱加足齿轮油，轴承加足润滑脂，链条涂刷机油。

（7）观察。随时注意观察玉米收割机作业情况，如有异常，及时停车，排除故障后，方可继续作业。

2. 机具的维护保养

（1）日常维护保养

①每日工作前应清理玉米果穗联合收割机各部残存的尘土、茎叶及其他附着物。

②检查各组成部分连接情况，必要时加以紧固。特别要检

查粉碎装置的刀片、输送器的刮板和板条的紧固,注意轮子对轮毂的固定。

③检查三角带、传动链条、喂入和输送链的张紧程度。必要时进行调整,损坏的应更换。

④检查变速箱、封闭式齿轮传动箱的润滑油是否有泄漏和不足。

⑤检查液压系统液压油是否有漏油和不足。

⑥及时清理发动机水箱、除尘罩和空气滤清器。

⑦发动机按其说明书进行技术保养。

(2)收割机的润滑。玉米果穗联合收割机的一切摩擦部分,都要及时、仔细和正确地进行润滑,从而提高玉米联合收割机的可靠性,减少摩擦力及功率的消耗。为了减少润滑保养时间,提高玉米联合收割机的时间利用率,在玉米果穗联合收割机上广泛采用了两面带密封圈的单列向心球轴承、外球面单列向心球轴承,在一定时期内不需要加油。但是有些轴承和工作部件(如传动箱体等),应按说明书的要求定期加注润滑油或更换润滑油。玉米联合收割机各润滑部位的润滑方式、润滑剂及润滑周期见表 3 - 11。

表 3 - 11　玉米果穗收割机润滑表

润滑部位	润滑周期	润滑油、润滑剂
前桥变速箱	1 年	齿轮油 HL-30
粉碎器齿轮箱	1 年	齿轮油 HL-30
拉茎辊	1 年	钙基润滑油、钙钠基润滑油(黄油)
分动箱	1 年	50%钙钠基润滑油(黄油)和 50%齿轮油 HL-30 混合
茎秆导槽传动装置	60 h	钙基润滑油、钙钠基润滑油(黄油)

润滑部位	润滑周期	润滑油、润滑剂
搅动输送器	60 h	
升运器	60 h	
秸秆粉碎装置	60 h	
动力装置	60 h	
行走中间轴总成	60 h	
工作中间总成	60 h	
三角带张紧轮	60 h	

（3）三角带传动维护和保养

①在使用中必须经常保持皮带的正常张紧度。皮带过松或过紧都会缩短使用寿命。皮带过松会打滑，使工作机构失去效能；皮带过紧会使轴承过度磨损，增加功率消耗，甚至将轴拉弯。

②防止皮带沾油。

③防止皮带机械损伤。挂上或卸下皮带时，必须将张紧轮松开。如果新皮带不好上时，应卸下一个皮带轮，套上皮带后再把卸下的皮带轮装上。同一回路的皮带轮轮槽应在同一回转平面上。

④皮带轮轮缘有缺口或变形时，应及时修理或更换。

⑤同一回路用 2 条或 3 条皮带时，其长度应该一致。

（4）链条传动维护和保养

①同一回路中的链轮应在同一回转平面上。

②链条应保持适当的紧度，太紧易磨损，太松则链条跳动大。

③调节链条紧度时，把改锥插在链条的滚子之间向链的运动方向扳动，如链条的紧度合适，应该能将链条转过 $20°\sim30°$。

（5）液压系统维护和保养

①检查液压油箱内的油面时，应将收割台放在最低位置，如液压油不足时，应予补充。

②新玉米联合收割机工作 30h 后,应更换液压油箱里的液压油,以后每年更换 1 次。

③加油时应将油箱加油孔周围擦干净,拆下并清洗滤清器,将新油慢慢通过滤清器倒人。

④液压油倒入油箱前应沉淀,保证液压油干净,不允许油里含水、沙、铁屑、灰尘或其他杂质。

(6)入库保养

①清除泥土杂草和污物,打开机器的所有观察孔、盖板、护罩,清理各处的草屑、秸秆、籽粒、尘土和污物,保证机内外清洁。

②保管场地要符合要求,农闲期收割机应存放在平坦干燥、通风良好、不受雨淋日晒的库房内。放下割台,割台下垫上木板,不能悬空;前后轮支起并垫上垫木,使轮胎悬空,要确保支架平稳牢固,放出轮胎内部的气体。卸下所有传动链,用柴油清洗后擦干,涂防锈油后装复原位。

③放松张紧轮,松弛传动带。检查传动带是否完好,能使用的,要擦干净,涂上滑石粉,系上标签,放在室内的架子上,用纸盖好,并保持通风、干燥及不受阳光直射。若挂在墙上,应尽量不让传动带打卷。

④更换和加注各部轴承、油箱、行走轮等部件润滑油;轴承运转不灵活的要拆下检查,必要时换新的。对涂层磨损的外露件,应先除锈,涂上防锈油漆。卸下蓄电池,按保管要求单独存放。

⑤每个月要转动一次发动机曲轴,还要将操纵阀、操纵杆在各个位置上扳动十几次,将活塞推到油缸底部,以免锈蚀。

四、常见故障及排除方法

玉米果穗收割机常见故障及排除方法见表 3-12。

表 3-12 玉米果穗收割机常见故障及排除方法

常见故障	故障原因	排除方法
漏摘果穗	1. 玉米播种行距与玉米收割机结构行距不相适应 2. 分禾板和倒伏器变形或安装位置不当 3. 夹持链技术状态不良或张紧度不适宜 4. 摘穗辊轴螺旋筋纹和摘钩磨损 5. 摘穗辊安装或间隙调整不当 6. 摘穗辊转速与机组作业速度不相适应 7. 收割机割台高度调节不当 8. 机组作业路线未沿玉米播向垄行正直运行 9. 玉米果穗结实位置过低或下垂	1. 播种时行距应与玉米收割机行距一致 2. 校正或重新安装 3. 正确调整夹持链的张紧度 4. 正确安装摘穗辊以免破坏摘穗辊表面上条棱和螺旋筋原装配关系 5. 正确安装、间隙调整正确 6. 合理掌握作业速度 7. 合理调整割台高度 8. 正确操纵收割机行驶路线 9. 合理调整割台工作高度,摘穗辊尽可能放低一些
果穗掉地	1. 分禾器调整太高 2. 机器行走速度太快或太慢 3. 行距不对或牵引(行走)不对行 4. 玉米割台的挡穗板调节不当或损坏 5. 植株倒伏严重,扶倒器拉扯扶起时,茎秆被拉断,果穗掉地 6. 收割滞后,玉米秸秆枯干 7. 输送器高度调整不当	1. 合理调整分禾器高度 2. 合理控制机组作业速度 3. 正确调整牵引梁的位置 4. 合理调整挡穗板的高度 5. 正确操纵收割机行驶路线 6. 尽量做到适期收割 7. 正确调整输送器高度
摘穗辊脱粒咬穗	1. 摘穗辊和摘穗板间隙太大 2. 玉米果穗倒挂较多,摘穗辊、板间隙太大 3. 玉米果穗湿度大 4. 玉米果穗大小不一或成熟度不同 5. 拉茎辊和摘穗辊的速度过高	1. 调小摘穗辊和摘穗板间隙 2. 调整摘穗辊、板间隙 3. 适当掌握收割期 4. 选择良种和合理施肥 5. 降低拉茎辊和摘穗辊的工作速度

第四章　配套农机具及使用

第一节　耕、整地机械

耕地机械是用于耕翻土地的机械,包括各种铧式犁、旋耕机等。整地机械是用于碎土、平整土地或进行碎土除草的机械,包括各种耙、镇压器等。

一、铧式犁

(一)铧式犁的一般构造

小型拖拉机以单铧和双铧犁为主,大中型拖拉机大多采用三至五铧犁。铧式犁多为悬挂犁,主要由犁体、犁架、限深轮和悬挂支架等组成(图 4 - 1)。

犁体是铧式犁的主要工作部件,由犁铧、犁壁、犁侧板、犁托及犁柱组成。犁铧和犁壁共同组成犁面曲体,与犁托组成一个整体通过犁柱安装在犁架上。犁体的作用是切地、破碎和翻转土垡,以达到覆盖杂草、残茬、肥料和疏松土壤的目的。

(二)铧式犁的调整

1. 耕深调整

改变限深轮与地面的相对高度即可进行耕深调整。无论是带有调节手轮还是带有槽形用螺栓固定地轮拉杆的,只要把地

图 4 - 1 淮丰 1L-525G 型铧式犁

1. 犁架;2. 悬挂支架;3. 悬挂销;4. 限深轮;5. 犁刀

轮抬高,即可加大耕深;反之减小耕深。

2. 水平调整

由前后水平和左右水平两部分调整组成。

(1)前后水平调整:调整拖拉机悬挂机构的上拉杆长度即可。当前犁耕深后犁耕浅时,应伸长上拉杆;反之则缩短。目的是确保前后耕深一致。

(2)左右水平调整:调整拖拉机悬挂机构的左右提升臂即可。缩短左提升臂使左边抬高;反之,使左边降低;目的是确保左右耕深一致。

3. 偏牵引调整

改变挂接点或摇转拐轴即可改变漏耕或重耕的现象,使耕幅符合要求。对于淮北地区小型拖拉机使用的悬挂双拉杆双铧犁,改变其犁架上的不同挂接点,就可以使重耕后达到起垄作用，以利于红芋、玉米、棉花等作物的栽培。

双向翻转犁是一种新型铧式犁。它的主要作用是耕地来回相邻行程中，使耕后的土壤始终向同一个方向翻垡，耕后地表不留沟垄，减轻了整地工作量。安徽省常见为翻转式双向犁。

翻转式双向犁主要特点是在犁架上装有翻垡方向相反的两套犁体，工作时在往返行程中交替使用（即翻转180°），即可使耕后的土地向同一方向翻垡。此种犁主要与大型拖拉机相配套，一般用液压进行操纵翻转。

（三）铧式犁的常见故障

（1）犁不入土。可能是犁铧刃过度磨损，土质过硬，限深轮未升起，上拉杆长度调整不当，下拉杆限位链拉得过紧，犁柱严重变形，上拉杆安装不对。

（2）犁的耕作阻力过大。犁铧磨钝，耕深过大，因偏牵引犁架歪斜，犁柱变形。

（3）犁沟不平、耕深不一致。犁架不平，犁铧过度磨损，犁柱或犁架变形。

（4）重耕或漏耕。因偏牵引犁架歪斜，犁的前后距离安装不当，犁柱变形。

二、旋耕机

旋耕机是一种由动力驱动旋耕刀轴完成耕、耙作业的耕耘机械。它能较好地切断植被并将其覆盖于整个耕作层内，也能有效地把地面所施肥料很好地混施于土壤内，耕后地表平整、松软，能满足精耕细作的要求，节约时间。对于土壤湿度较大的地块或者是水田，均可以进行旋耕作业。

（一）旋耕机的一般构造

旋耕机主要由刀轴、机架、传动部分、挡泥罩、平土拖板和限深装置等部分组成(图 4-2)。刀滚是旋耕机的主要工作部件,它由刀片、刀轴和刀座等零件构成。刀座与刀轴焊为一体,并按螺旋线排列。刀片通过刀柄插在刀座中,再用螺钉紧固。刀片类型有凿形、弯形和直角形 3 种。弯形刀又称弯刀,有左弯和右弯两种,这种刀在滑切过程中易将杂草切断,若切不断也易于滑脱,故缠草较少且耕作负荷均匀,是目前国产旋耕上普遍采用的刀型。

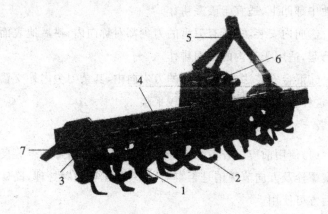

图 4-2 旋耕机构造

1. 刀轴;2. 刀片;3. 右支臂;4. 右主梁;

5. 悬挂架;6. 齿轮箱;7. 挡泥罩

旋耕机与拖拉机的连接方式有悬挂式和直连式两种。悬挂式与拖拉机的传动方式有关,有中间传动式和侧边传动式两种;直连式一般在手扶拖拉机上使用,又称手拖旋耕机。

(二)旋耕机的安装

(1)大中型拖拉机所配旋耕机中间传动的比较多,安装时拖拉机后端的动力输出轴与旋耕机生产厂所配万向节传动套装在一起即可。小四轮拖拉机配套的大部分是侧边传动式旋耕机,装时先将拖拉机左侧动力输出轴端盖卸下,再将旋耕机所配主动皮带轮装上并固牢,然后把其他各连接点依次连接好。

(2)旋耕刀片的安装。为使旋耕机在工作中不发生漏耕和堵塞,并使旋耕刀轴受力均匀,刀座都是按一定规律交错焊到刀轴上的,因此在安装左、右弯刀时,应顺序进行,并注意刀轴旋转方向,以免装错或装反,刀片装好后应进行全面检查。具体有如下3种装法。

①向外安装法:两端刀齿的刀尖向内,其余刀尖都向外,耕后地中部凹下,适宜于破垄耕作。

②向内安装法:所有刀齿的刀尖都对称向内,耕后地表面中部凸起,适用于有沟的田间耕作。

③混合安装法:两端刀齿的刀尖向内,其余刀尖内外交错排列,这种安装方法耕后地表比较平整。

(三)旋耕机的安全作业注意事项

(1)使用前应检查各部件,尤其要检查旋耕刀片是否装反和固定螺栓及万向节锁销是否牢靠,发现问题要及时处理,确认稳妥后方可使用。

(2)拖拉机启动前,应将旋耕机离合器手柄拨到分离位置。

(3)需在提升状态下接合动力,待旋耕机达到预定转速后,机组方可起步,并将旋耕机缓慢降下,使旋耕刀片入土。严禁在旋耕刀入土情况下直接起步,以防旋耕刀及相关部件损坏。严禁急速下降旋耕机,且旋耕刀入土后禁止倒退和转弯。

(4)地头转弯未切断动力时,旋耕机不得提升过高,万向节两端传动角度不得超过30°,同时应适当降低发动机转速。转移地块或远距离行走时,应将旋耕机动力切断,并提升到最高位置后锁定。

(5)旋耕机运转时,严禁人接近旋转部件,旋耕机后面也不得有人,以防刀片甩出而伤人。

(6)检查旋耕机时,必须先切断动力。更换刀片等旋转零件时,必须将拖拉机熄火。

三、耙

耙的主要作用是对耕后的土地进行进一步的破碎及播前的松土和除草,还可用于收获后的浅耕灭茬作业,用于水田插秧前起浆和平整地面,也可用于果园和秸秆地的田间管理。

（一）圆盘耙

1. 圆盘耙的一般构造

圆盘耙一般由耙组、耙架、偏角调节机构和挂接装置等部分组成(图4-3)。在牵引式耙上还装有液压式或机械式运输轮,个别耙上还设有配重箱。

图4-3　圆盘耙实例图

圆盘耙组由装在方轴上的若干个耙片组成(图4-4)。耙片通过间管而保持一定间隔。耙片组通过轴承和轴承支板与耙组横梁相连。为清除耙片上黏附的泥土,在耙组横梁上装有刮土器。

偏角调节机构用于调整圆盘耙的偏角,以适应不同耙深的要求。

挂接装置是圆盘耙通过牵引装置或悬挂装置与拖拉机连接的机构。

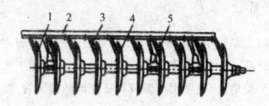

图 4 - 4　耙组的构成

1. 耙片；2. 刮土器横梁；3. 刮土器；4. 间管；5. 轴承

2. 圆盘耙的使用与调整

(1)工作深度的调节：调节手杆在齿板缺口内的不同位置，可以使耙组的角度在最小和最大范围内变化。当调节手柄放在缺口最前位置时，耙组偏角最大；反之偏角最小。偏角越大，耙片的入土深度和碎土性能越好，耙地较深，阻力相应加大；耙组角度偏小，则相反。

(2)配重的调整：根据土壤的坚实程度和工作深度的要求，可在配重箱上加上配重物，以达到预定的耕深，并可以防止耙上下跳动。

(3)刮土器间隙的调整：为了避免耙片凹面粘土，刮土器应安装在与耙片外缘距离 2～3 cm 处，与凹面的间隙为 4～6 mm。

3. 圆盘耙常见的故障

(1)耙片不入土或耙深不够。可能是由于耙组偏角太小，配重不够，牵引速度太快，耙片磨损严重或耙片间堵塞造成的。

(2)耙后地表不平或耙深不均匀。可能是由于前后耙组偏角不一致，附加配重左右不一致，耙架纵向不平，个别耙组不转动或堵塞以及牵引式偏置圆盘耙作业时耙组偏转造成前后耙组偏角不一致等原因造成的。

(3)耙片堵塞。可能是由于土壤太黏太湿,杂草太多刮泥板不起作用或位置不对,耙片偏角太大,耙片磨钝或不光以及前进速度太慢造成的。

(4)阻力大,拉不动耙。可能是由于耙组角度太大,附加配重太重以及刮泥板卡耙片造成的。

(二)水田耙

1. 基本组成

为满足土壤松、碎、软、平的整地要求,并减少耙地次数,水田耙普遍是由两种或三种工作部件组成的复式耙。全机主要由牵引架、耙架、耙辊、升降机构等组成。

2. 水田耙的使用与调整

(1)水田耙地前的灌水。水深以淹没70%以上的土垡为宜。灌水过深,看不清田表面,不易耙平;过浅则易造成土块不易破碎,影响耙地质量。

最好选择在耕后泡水3~4天耙地,这样土垡浸水后,水分子进入土粒之间形成水膜,降低了土壤的黏结性,有利于耙碎土垡,提高耙地质量,也减小了牵引阻力。

(2)耙片的选择。在土壤黏重、水田泥脚浅的地区,安装碎土能力强的六角星齿耙片,它的牵引阻力较大;在泥脚深、烂泥多的湖区,安装圆盘耙片,它可以避免夹泥、减小阻力和提高碎土性能。

(3)耙深的调整。耙组下田后将耙调至工作位置,把升降杆上的固定杆插入齿板槽内固定,试耙1~2个行程后检查耙深情况。如果需要增加耙深,可将耙架与牵引架连接板挂接处的销轴向下移1～2孔,同时将升降机构连杆上的销轴向上移1孔;如果需要减小耙深,则反方向调节。一般耙第二遍时,升降杆在中间位置,可以保证田表层土细碎起浆。

四、深松机

(一)深松机概述

深松整地是一种新的土壤耕作方法,在国内外应用较广泛。所谓深松是指超过正常犁耕深度的松土作业。土壤深松的目的是对土壤进行深层松土(通常每四年进行一次深松),打破土壤犁底层,消除土壤板结。深松由于不翻土,能保持上下土层不乱,对地表覆盖破坏最小,减少土壤水分的散失,利于保墒和防止风蚀与水蚀,从而改良土壤,提高土壤蓄水保墒能力,增加透气性,培肥地力,达到增产增收的目的。

深松机具的种类较多,有一般深松机、振动深松机、振动深松施肥多用机、深松联合作业机及全方位深松机。下面主要介绍常用的深松机。

(二)深松机的一般构造

目前,生产中使用的深松机主要是悬挂式的。深松机基本结构如图4-5所示。主要工作部件是装在机架后栋梁上的凿形深松铲,深松铲由铲头和铲柱两部分组成,它不仅有较强的松碎土壤的能力,还有足够的强度、刚度和耐磨性。连接处备有安全销,以防碰到石头或树根等大的障碍物时,能剪断安全销,保护深松铲。限深轮装于机架两侧,用于调整和控制耕作深度。深松机多与大马力拖拉机配套,最大松土可达50 cm。

牵引装置:悬挂支架、挂接销、机架。

工作部件:深松铲、深松铲柄、限深轮。

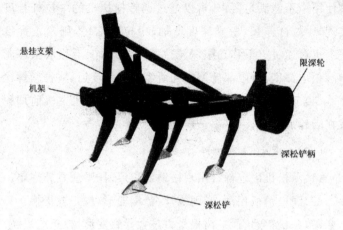

悬挂支架

机架

限深轮

深松铲柄

深松铲

图 4-5　深松机

（三）安装使用与调整

1. 作业前准备

（1）检查各部件是否齐全，有无变形或损坏，各螺栓、螺母是否紧固。

（2）检查各调整机构是否灵活可靠，必要时应再调节。

（3）工作部件磨损严重时必须更换，否则影响深松质量。

2. 机具的安装使用调整

（1）将深松机与拖拉机三点悬挂相连接，调整限位链或限位杆，使左右下拉杆左右摆动以不碰到轮胎为宜，在工作状态下，应与地面保持平行。如不平行，需调整上拉杆保持与地面平行后，方可作业。

（2）作业开始时，拖拉机应低速行驶，操纵液压杆，使深松机缓慢落地，深松铲靠机具自重逐步进入土壤预定深度进行深松作业，作业中机组应匀速前进。

（3）深松机一般松土深度达到 25～30 cm 即可打破犁底层，

若使用中不能满足要求,可以通过调整拖拉机的中拉杆长度来实现,中拉杆伸长,松土深度增加,中拉杆缩短,则松土深度变浅。也可通过上下移动限深轮位置来实现,上下移动限深轮可增减松土深度,将限深轮调整到所需要的深度后,应拧紧螺栓。

(4)工作中机组打滑或达不到深松深度可在主机前加配重或在后轮加配重。

(四)常见故障及排除方法

(1)深松机固定部件出现松动或裂痕,拧紧或重新焊牢。

(2)深松铲柄松动,紧固螺丝;铲柄变形,校正或更换。

(3)深松铲遇石块、树根受力过大导致变形,校正或更换。

(4)深松铲过度磨损,达不到深松效果,及时更换。

(五)安全操作注意事项

(1)机具作业时,严禁进行各项调整。

(2)机具工作状态下,严禁站人,不得触摸旋转部位。

(3)工作中如发现不正常现象,应立即停车检查,排除故障后方可继续工作。

(4)作业结束时,应将深松机降落地面,不得悬挂停放。

(5)深松机在作业时,未提升机具前不得转弯和倒退。

(6)机组穿越村庄时须减速慢行,注意观察周围情况。

(六)保养和贮存

(1)每次作业后,应清除深松机上的泥土、杂草,检查零件有无缺损,更换零件应安装正确。检查限深轮轴承润滑油,并及时注油。

(2)各螺栓应紧固,尤其轴螺母要保证牢靠。

(3)一个作业季完成后,工作部件表面应涂黄油,整机放置在避雨、阴凉、干燥、通风处保管。

第二节　播种施肥机械

农作物常用的播种方法有撒播、条播、穴播（点播）、精密播种、免耕播种等。常用的机械有谷物播种机、免耕播种机、铺膜播种机、施肥播种机和栽植机械。按播种方法可分为撒播机、条播机、穴播机和精密播种机。

一、施肥播种机

施肥播种机（通常称为条播机）是目前最常用的一种播种机械，近几年通过对排种器的改进，已由单一播种向多种谷物播种发展，它不仅可以播种小麦，而且还可以进行玉米、大豆等多种农作物的播种，既可以条播，又可以穴播（点播），因此得到广泛应用。

（一）施肥播种机的一般构造

施肥播种机一般由机架、种肥箱、排种器、输种（肥）管、开沟器、覆土器、行走轮、传动装置、牵引或悬挂装置以及开沟器深浅调节机构等组成。

（1）排种器是施肥播种机的核心部件。目前，主要用的排种器是外槽轮式排种器，排种量主要取决于槽轮在排种盒内的有效工作长度。槽轮的工作长度可以通过调节后端的手柄或排种轴端的调整螺母来调整。外槽轮伸入排种盒内的工作长度增加，排种量增大；反之则减少。

（2）开沟器的作用是完成开沟、导种和覆土作业。目前使用较多的锄铲式开沟器，其结构简单，入土性能强，开沟阻力小，苗幅较宽。但工作中容易挂草粘土，开沟深度不够稳定，对整地要求较高，不宜高速作业。

双圆盘式开沟器属滚动式开沟器,也被广泛应用于条播机上。工作时,圆盘滚动前进,切开土壤并向两侧推挤形成种沟,种子在两圆盘之间经导种板散落于沟内,圆盘过后,沟壁塌而覆土。这种开沟器开沟不搅乱土层,且能用湿土盖种。工作时,由于圆盘滚动,且入土角为钝角,所以不易缠草和堵塞,在整地较差和有残根杂草及潮湿的土地上都可以使用,适应性较强。

(二)施肥播种机的调整

(1)行距的调整:松动开沟器固定机架上的螺栓,在机架上左右移动即可改变其行距。调整后要求各行行距一致,螺母应拧紧。

(2)亩播量的调整:提升播种机,把播种量调整到一定的数值,在种子箱内加入一定量的种子,转动几圈地轮使排种盒内充满种子,然后在开沟器下放置盛接种子的容器,按播种机前进方向以每分钟20~30圈的转速均匀地转动数圈(一般不低于25圈)。先称出每个排种器播下的种子重量,比较各行播种是否一致,由于地轮直径固定,播宽固定(行距×行数),即计算出转动一定圈数后的工作面积,再根据已称播下的种子总重量,从而计算出该播种机的亩播量。个别地块由于地面情况应把播种机在实际工作中可能出现打滑的情况考虑进去。

注意:对于沿淮地区主要播小麦来说,播种机调整好亩播量后,在换不同品种时由于千粒重不同,应考虑亩播量是否需要重新调整;同品种小麦播前进行药剂拌种,在短时间内播种也会与原来所调亩播量稍微不一样。调整好后不要忘记把螺母或销针固定,以防工作中松动而改变播种量。

(3)播深调整:改变开沟器在机架上的上下位置即可。注意各行应水平一致。

（三）施肥播种机的安全操作及注意事项

(1)播种前应注意种子及排种器内不得有其他杂物,以免损伤排种器及出现排种不均匀的现象。

(2)播种机在正常播种前,应在地头试播10～20 m。扒土检查播深、播量的均匀性、覆土深度、行距等是否符合农艺要求。若发现问题,应及时解决。

(3)播种时,行走要直,靠行正确。田间尽量不停车,更不允许倒退。

(4)地头起落应边走边进行,且起落线应一致。播种机在地头未升起时严禁转弯。

(5)播种机工作时,必须确保覆土器工作可靠,同时播种机上严禁站人。

(6)播种机工作时,应经常检查排种器工作是否正常,停车后及时清理开沟器、覆土器上面的缠草和粘土,以免影响播种质量。

(7)播种机工作时,应及时添加种子。种子容量应不少于种子箱容量的1/3。

(8)链条传动部分必须适时添加润滑油。注意不要加润滑脂,以免黏附尘粒加剧磨损。

二、旋播机

旋播机是在旋耕机基础上增加了播种、施肥功能,可以与25～180马力轮式拖拉机配套使用,一次性可完成灭茬、旋耕、播种、施肥、覆土、开沟、镇压等多道工序,旋播机能联合作业,也能单机分段作业,可播小麦、玉米、大豆等。

（一）构造与工作原理

旋播机主要由中间变速箱总成、挂接机构、左右侧板、种肥箱总成、调节板、镇压辊总成、链传动机构、挡土板、开沟器、左右刀轴总成、中间犁体组合、框架组合、万向节传动轴以及松土铲和覆土板等部件组成(图4-6)。

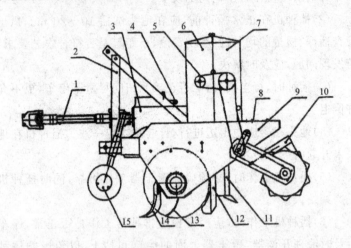

图4-6 旋播机的结构

1. 万向节总成;2. 悬挂装置;3. 变速箱总成;4. 变速操纵机构;

5. 种肥传动部分;6. 肥箱总成;7. 种箱总成;8. 脚踏板;9. 机架侧板;

10. 镇压辊总成;11. 种管;12. 肥管;13. 旋耕刀;14. 犁铲;15. 限深轮总成

工作原理:拖拉机传递的动力,经万向节传动轴直接传入中间变速箱总成,带动左右旋耕刀轴旋切运转,将土地旋松;同时,机具在拖拉机牵引力作用下匀速前进,紧随其后的播种开沟器入土开沟;后置的镇压辊靠自重与地面摩擦滚动,经链条带动排种机构实施排种排肥;排下的化肥,经滑板落在左右旋耕刀轴前面未耕地表,化肥在旋耕刀轴旋松土壤的同时被覆盖;排下的种子,经输种管、开沟器落入沟槽;后置的镇压辊在滚动前进的同时,完成覆土作业并将松土压实。

（二）与拖拉机的挂接

使用前中间齿轮箱必须加足齿轮油；万向节、刀轴轴承应加足黄油；排肥、排种轴加注润滑油；检查并拧紧全部连接螺栓，各运转部件必须转动灵活。

（1）将机车倒退对准该机悬挂架中部，提升机车下连杆至适当高度，倒车至能与该机左右悬挂销连接为止。

（2）安装万向节传动轴，并上好插销。

（3）安装机车下连杆，并上好插销。

（4）安装上拉杆及插销。

注意：万向节传动轴总成安装时应保证中间方轴节叉、方管节叉的开口须在同一平面内。

若方向装错，将引起机具振动，导致机具损坏。

（三）旋播机的调整

1. 左右水平的调整

将该机降至刀尖接近地面，观看左右刀尖离地面高度和左右端开沟器离地高度是否一致。若不一致，适当调整拖拉机提升杆的高度，使左右刀尖和开沟器离地高度一致，以保证耕深和播深一致。

2. 旋耕深度和植被覆盖率的调整

将机具两端调节板上的限位螺丝向上调，可增加旋耕深度及提高植被覆盖率。每向上调一个螺孔，旋耕深度增加20 mm，下调一个螺孔则旋耕深度减少 20 mm。也可以通过拖拉机挂接机构的中拉杆来调整，即中拉杆缩短，耕深增加，植被覆盖率提高；反之则相反。

3. 播种深度的调整

播种深度一般靠伸长或缩短拖拉机挂接机构中拉杆的方法来调整。中拉杆伸长,播种深度变浅;中拉杆缩短,则变深。若此调整还达不到播种深度要求,也可移动播种开沟器的上下固定位置。开沟器上调,播种深度变浅;下调,则变深。

4. 旋耕播种、施肥状态的调整

(1)播种小麦时的调整。先将各行排种器插板插入插孔内,然后调整刮种板(毛刷),使刮种板(毛刷)柄下端距排种轮为8～10 mm 紧固。播种时,拧松调节手柄的螺栓,根据所需播量,旋转手柄至所需播量在刻度尺上的刻度线位置(刻度尺 1 刻度线为 1 kg),调后必须将螺栓对准排种轴上键槽拧紧。如果小麦浸种,应晾干后再播种,也可根据种子干湿度适当增加播种量。

(2)播种玉米等大粒种子的调整。用户可根据自己所需播种的行数安装播种开沟器,并根据所需行距调整开沟器之间的距离,调整合适后固定锁紧。

排种器的调整:先将与固定好的开沟器所对应连接的排种器上方各增装一个小种箱(装玉米等大粒种子专用),然后将装有小种箱的排种插板从插孔内拔出,并把其他不用的孔全部用插板插好堵住。拧松调节手柄上的螺栓,根据种子大小,旋转手柄,使粗槽轮进入排种器壳内(粗槽轮的工作长度一般应是种子平均长度的 1.5 倍左右),每穴播种粒数可在调整后做一下试验,直到满意为止(每穴粒数以 2±1 粒为宜)。

穴距的调整:播种穴距的调整,是靠变换传动比(即更换中间轴链轮总成)来完成的。拧松张紧轮的螺栓,使链条松弛;拆下中间轴链轮总成;把合适的中间轴链轮按原位置更换后锁紧;

移动两张紧轮的位置,使链条全部张紧并锁固。

(3)施肥量的调整。拧松调节手柄的螺栓,旋转手柄至标尺上所需刻线,调后将螺栓对准轴上键槽拧紧即可(一般每10 mm标尺长,可施肥18 kg)。

(4)单独作为旋耕机的调整

①应先将所有开沟器及种肥箱全部拆掉。

②旋耕刀的更换与安装:将直刀全部更换成弯刀,更换或安装时必须注意弯刀的方向和刀轴旋转方向,保证用刀片刃部切土。常用的安装方式是:整个刀轴上左右弯刀交错排列,在同一平面内安装一左、一右弯刀,这种排列方式耕后地表平整,适用于一般旋耕作业。

③覆土器总成的安装和调整:先将镇压辊总成两端的过桥链轮轴松掉,把镇压辊总成和链条全部拆去。然后把覆土板螺孔与侧板螺孔对准,用销板将两孔销住,再将销板和侧板用螺栓锁紧,并依次把吊杆固定在连接板上,在吊杆上装上弹簧销、平垫、长垫、长弹簧,吊杆穿过覆土板支架上的活板,再装上其他弹簧、平垫、弹簧销。最后,用"U"形丝将覆土板支架固定锁紧,必须保证吊杆与活板顺利滑动。

覆土板的调整即是地表平整度调整,它是靠上下调节弹簧销的位置来实现的。即弹簧销上调,平整度加强;弹簧销下调,平整度降低。

三、免耕播种机

免耕播种是近年来发展的保护性耕作中的一项农业栽培新技术,它是在未耕整的茬地上直接播种,与此配套的机具称为免耕播种机。免耕播种机的主要特点是具有较强的切断覆盖物和破土开种沟的能力，其他则与传统播种机相同。勺轮式玉米精量播种机即是一种免耕播种机械，与拖拉机配套作业，主要用于免耕地单粒精播或双粒精播玉米，可条施晶粒状化肥，一次性完成开沟施肥、开种沟、播种、覆土、镇压等工序，两行机添加铺膜机构可以完成地膜覆盖。

（一）构造与工作原理

该排种器主要由排种器体、导种轮、隔板、排种勺轮、排种器盖等部件组成。隔板安装在排种器体与排种器盖之间，彼此相对静止不动。玉米排种勺轮安装在导种轮上，圆环形隔板位于排种轮与导种轮之间，与它们各有 0.5 mm 左右间隙，使其相对转动时不发生卡阻，工作时种子经由排种器盖下面的进种口限量地进入排种器内下面的充种区，使勺轮充种。工作时勺轮与导种轮顺时针转动，使充种区内的勺轮型孔进一步充种，种勺转过充种区进入清种区，勺轮充入的多余种子处于不稳定状态，在重力和离心力的作用下，多余的种子脱离种勺型孔，掉回充种区。当种勺轮转到排种器上面隔种板上的递种孔处时，种子在重力、离心力作用下，掉入与种勺对应的导种轮凹槽中，种勺完成向导种轮递种，种子进入护种区，继续转到排种器壳体下面的开口处时，种子落入开沟器开好的种沟中，完成排种。

如图 4-7 所示该机主要由机架（图 4-8）、防缠施肥开沟器（图 4-9）、播种总成（图 4-10）、传动系统、施肥斗总成共五大部分组成。防缠施肥开沟器通过"U"形丝和方板安装于机架前梁，播种总成安装于机架后梁，施肥斗总成安装在机架两侧梁，传动轴将各播种总成与变速箱连成一体，变速箱拉板安装在机架与变速箱之间。

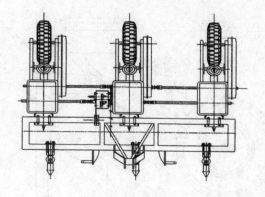

图 4 - 7 整机结构图

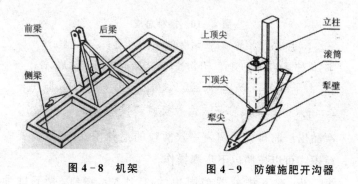

图 4 - 8 机架 图 4 - 9 防缠施肥开沟器

(二)玉米精量播种机的调整

1. 行距调整

第一步,松开各总成"U"形丝,松开变速箱拉板"U"形丝。

第二步,松开非变速总成传动轴上的平卡子(共 4 个)。

第三步,松开施肥链轮顶丝(三行机除外)。

第四步,轴向移动各总成和施肥链轮、链条行机除外),达到目标行距后拧紧前几步松开的螺丝。

第五步,调整施肥开沟器位置。

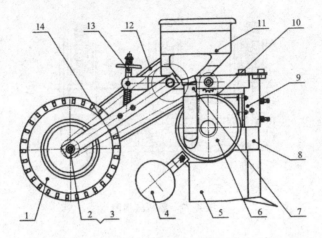

图 4 - 10   播种总成

1. 地轮；2. 地轮轴；3. 耐磨套；4. 覆土器；5. 开沟器；

6. 排种器；7. 输种管；8. 开沟柱；9. 支架；10. 小链盒底、盖；

11. 种子箱、种箱盖；12. 大链盒底、盖；13. 限深机构；14. 拉杆

2．一穴一粒模式与一穴两粒模式切换

产品出厂时排种器调为一穴两粒的播种模式，如果需要一穴一粒模式可以按照以下步骤操作。

第一步，拧下排种器盖周边的 3 个 M6 螺钉，取下排种器盖。

第二步，拧下固定勺轮的 3 个 M8 沉头螺钉，取下勺轮和隔板。

第三步，拧下排种器中心的 M8 螺栓，取下双粒导种轮。

第四步，更换单粒导种轮后，将前几步拆下的零件安装到位。

3．株距调整

调整变速箱传动比可以改变整台机器各行株距，操作时，下拉手杆，使指示杆置于空挡槽，然后左右操纵手杆观察指示杆位

置变化,当指标杆到达所选挡位槽入口处时,松开手杆,指示杆自动进入挡位槽,株距操作完毕。

4. 深度调整

(1)施肥深度的调整。松开施肥开沟器"U"形丝,上下移动犁柱调整深浅,上移则浅,下移则深。要求各施肥开沟器下尖连线与机架平行,建议施肥开沟器较播种开沟器深 50 mm,以实现化肥深施。

(2)播种深度的调整。如图 4 - 11 所示,顺时针转动手轮,地轮降低,开沟器上升,播种深度减小,反之播种深度加大。

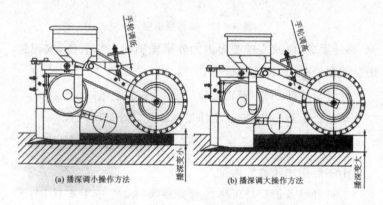

(a) 播深调小操作方法　　(b) 播深调大操作方法

图 4 - 11　播种深度调整方法与原理

如果各行深度要求不一致,可以松开所调总成前方立柱上的两个顶丝,上下移动播种开沟器,实现该行深度调整。

(3)播种量调整。排种器为精量排种器,正常情况空穴率不超过 5%,重播率不超过 10%。如果遇到特殊种子,或者有特殊要求,可以按图4-12所示方法调整排种器。隔板定位耳上移,重播率降低,但空穴率提高;隔板定位耳下移,空穴率降低,但重播率提高。用户要反复调整试验,达到满意为止。

(4)施肥量调整。清空排肥盒内化肥,松开轴端的蝶形螺

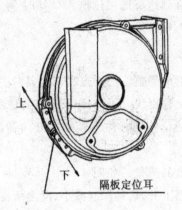

图 4 - 12　播种量调整

母,旋转手轮,以改变排肥盒内的外槽轮轴向工作长度,实现施肥量调整,完成后再旋紧螺母。

逆时针旋转手轮,槽轮工作长度缩短,施肥量减少。

顺时针旋转手轮,槽轮工作长度加大,施肥量增加。

(5)链条松紧调整

①主链条用张紧轮调整。

②排种链条调整时可以松开排种器的 4 个安装螺栓,上下移动排种器,改变两链轮的中心距以达到调整目的。

③排肥链条可通过前后移动施肥斗位置,改变中心距以达到调整目的。

注意:由于排种链条为竖链条,安装时必须保持张紧状态,作业时要经常检查该链条的松紧状态,发现变松要及时调紧。

(三)常见故障及处理

如表 4 - 1 所示。

表4-1 常见故障及处理

故障名称	故障原因	排除方法
地轮打滑	排种链条上架	调紧排种链条,更换轴承
	地轮过高	顺时针旋转调深手轮
	差速器反向	升起机具,倒转各个地轮,发现阻力较大时,调换该总成差速器方向
	机器前低后高	调长拖拉机中央拉杆
各行深浅不一	播种开沟器深度不一致	松开开沟器螺钉,上下移动开沟器
	开沟器入土角度不一致	松开"U"形丝,调整入土角
播量过大	输种管脱口,清种口盖掉落	接好输种管,盖好清种口
	超过极限速度	降低播种速度或调大株距
空穴或漏播	排种器内有异物或失常	取出异物
	勺轮被农药粘填	清洗勺轮
空穴或漏播	隔板位置过高	调低隔板
	排种链条掉落	挂好链条
	驱动轮顶丝失灵	拧紧顶丝
	排种器内缺种子或种子在输种管内架空	填加种子,敲打振动输种管,清洗输种管
	离合器分离	将离合器复位
露籽	播种深度过小	调整播种深度
	覆土器角度不合适	调整覆土盘
	播种开沟器入土角太大	调长中央拉杆
频繁掉链	轴承磨损严重	更换轴承

第五章 其他机械保养与维修

第一节 畜牧机械的保养与维修

一、饲料粉碎机的保养与维修

(一)粉碎机的保养

粉碎机是农业生产中广泛使用的加工机械。但有的农民在使用过程中不严格按照规程操作,忽视维修保养,不仅诱发机械故障,还大大降低粉碎加工效率。因此,在使用粉碎机时,切不可忽视维修保养。

1. 及时检查清理

每天工作结束后,应及时清扫机器,检查各部位螺钉有无松动及齿爪、筛子等易损件的磨损情况。

2. 加注润滑脂

最常用的是在轴承上装配盖式油杯。一般情况下,只要每隔 2h 将油杯盖旋转 1/4 圈,将杯内润滑脂压入轴承内即可。如果是封闭式轴承,可每隔 300 h 加注 1 次润滑脂。经过长期使用,润滑脂如有变质,应将轴承清洗干净,换用新润滑脂。机器工作时,轴承升温不得超过 40℃,如在正常工作条件下,轴承温度继续增高,则应找出原因,设法排除故障。

3. 仔细清洗待粉碎的原料

严禁混有铜、铁、铅等金属零件及较大石块等杂物进入粉碎室内。

4. 不要随意提高粉碎机转速

一般允许与额定转速相差 8%～10%。当粉碎机与较大动力机配套工作时,应注意控制流量,并使流量均匀,不可忽快忽慢。

5. 机器开动后,不准拆看或检查机器内部任何部位

各种工具不得随意乱放在机器上。当听到不正常声音时应立即停车,待机器停稳后方可进行检修。

(二)如何安全使用粉碎机

(1)操作人员进入作业时,要集中精力,不能聊天吸烟等。

(2)饲料加工前要经过晾干精选,除去石块金属等混杂物,避免随料进入损坏机器,物料的含水量要求在 15% 以下,湿度过大生产效率则下降。

(3)操作者应熟悉机器性能,了解机器构造。使用前最好先反复读几次使用说明书。

(4)使用前应检查锤片磨损程度和开口销有无折断。关闭机盖并紧固后,转动主轴有无异常响声。如有故障,先排除然后开机作业。

(5)喂料时要均匀,不能忽多忽少,当物料在喂入口堵塞时禁止用手、硬木棒和铁棒等强行喂入。

(6)工作过程中发生故障应立即检查排除,不允许在运转情况下,打开机盖检查调整机器。

(7)要求操作者紧袖口、戴口罩,女同志要戴工作帽。

（三）饲料粉碎机的维修

一般情况下，饲料粉碎机的检修主要有 3 个方面的工作。

1. 筛网的修理和更换

筛网是由薄钢板或铁皮冲孔制成。当筛网出现磨损或被异物击穿时，若损坏面积不大，可用铆补或锡焊的方法修复；若大面积损坏，应更换新筛。安装筛网时，应使筛孔带毛刺的一面朝里，光面朝外，筛片和筛架要贴合严密。环筛筛片在安装时，其搭接里层茬口应顺着旋转方向，以防物料在搭接处卡住。

2. 轴承的润滑与更换

粉碎机每工作 300 h 后，应清洗轴承。若轴承为机油润滑，加新机油时以充满轴承座空隙 1/3 为宜，最多不超过 1/2，作业前只需将常盖式油杯盖旋紧少许即可。当粉碎机轴承严重磨损或损坏，应及时更换，并注意加强润滑；使用圆锥滚子轴承的，应注意检查轴承轴向间隔，使其保持为 0.2～0.4 mm，如有不适，可通过增减轴承盖处纸垫来调整。

3. 齿爪与锤片的更换

粉碎部件中，粉碎齿爪及锤片是饲料粉碎机中的易损件，也是影响粉碎质量及生产率的主要部件，粉碎齿爪及锤片磨损后都应及时更换。齿爪式粉碎机更换齿爪时，应先将圆盘拉出。拉出前，先要开圆盘背面的圆螺母锁片，用钩形扳手拧下圆螺母，再用专用拉子将圆盘拉出。为保证转子运转平衡，换齿时应注意成套更换，换后应做静平衡试验，以使粉碎机工作稳定。齿爪装配时一定要将螺母拧紧，并注意不要漏装弹簧垫圈。换齿时应选用合格件，单个齿爪的重量差应不大于 1.5 g。

锤片式粉碎机的锤片有的是对称式，当锤片尖角磨钝后，可反面调角使用；若一端两角都已磨损，则应调头使用。在调角或调头时,全部锤片应同时进行,锤片四角磨损后,应全部更换,并注意每组锤片重量差不得超过 5 g;主轴、圆盘、定位套、销轴、锤片装好后,应做静平衡试验,以保持转子平衡,防止机组振动。此外,固定锤片的销轴及安装销轴的圆孔由于磨损,销轴会逐渐磨细、圆孔会逐渐磨大,当销轴直径比原尺寸缩小 1 mm,圆孔直径较原尺寸磨大 1 mm 时,应及时焊修或更换。

二、锤片式饲料揉搓机的使用与保养

(一)牢固安装防松动

1. 工作原理

锤片式饲料揉搓机的工作原理是物料由人工放进饲喂入口处,经高速旋转锤片、齿板的相对运动揉搓成散碎饲料,经风口抛出机体外。该类机具结构简单,操作方便,坚固耐用,能加工各类农作物秸秆,适用于中、小型饲料厂和饲养户使用。

2. 正确安装

在安装锤片式饲料揉搓机时,应将机座连同机器放在平整的水泥地面上。用螺栓将揉搓机牢固地安装在机座上,并不断地调整电机的位置,以保证电机皮带轮槽和主机皮带轮槽正确对位并使皮带松紧度适度。必须注意的是:所有电器设备及线路必须安全可靠,安装后的机器各运动部件要转动灵活,经空运转听不见卡碰声及不正常响声后,方可投入使用。

(二)严格操作防故障

严格操作可以提高加工效率、防止机械故障。正确的操作方法如下:

1. 工作前操作

操作者事先必须熟悉机器的结构和性能,并对机组进行如下检查:各部的紧固件不得有松动;检查锤片磨损程度,确定是否更换;开口销有无断裂现象,如有断裂要及时更换;清除机内堵塞物;主轴转动是否灵活,应无碰撞和摩擦现象;传动皮带必须装好防护罩;认真清除物料中的石头、铁块等,以防损坏机内零件。

2. 加工时操作

启动机器后,须待机器运转平稳后方可开始工作。操作人员工作时应站在喂入口的侧面,以防硬物从喂入口弹出伤人。喂料时,高速旋转的锤片抓取能力很强,因此必须均匀喂料,以防喂入过多,造成超负荷工作而出现卡、堵现象。如果出现堵塞,应将物料挑出后重新喂入,禁止用铁棒送料。操作者在工作过程中不得脱离工作岗位,若机器出现异常声响,应立即停机检查,排除故障。不得在运转情况下打开上壳体检查调整机器;工作结束后要切断电源,清扫机器和现场。

(三)及时调整勤保养

每班工作结束后,应及时将机内清理干净,并检查各紧固件是否松动,如有松动随即旋紧。每工作 30 h,两轴承须加润滑脂 1 次。工作 300 h 后,将轴承油污清洗干净后,重新加注润滑脂。要经常检查锤片的磨损情况,锤片使用一段时间后,可根据锤片棱角磨圆的情况调换使用,如 4 个棱角已全部磨损,须更换新锤片。此外,还应定期检查传动胶带张弛度,并及时调整。机器若在露天使用,还应有防雨设施。

三、铡草机的使用与保养

随着养殖业的发展,铡草机应用量很大。铡草机主要用来切稻草、麦秸等禾秆和青饲料,可大大提高生产效率和降低劳动强度。但在使用中必须注意安全问题,如果机具质量不合格或使用不当,都可能造成严重人身伤害事故。因此在使用时,应注意以下几点。

(1)铡草机应放置或固定在坚实、水平的地基上,运转时要稳,不能有大的振动。

(2)开机前要先对机器各部件作全面检查。用手扳动铡草机刀轴,看转动是否灵活,刀盘有无裂纹,紧固件是否要松动,发现故障隐患应及时排除。

(3)作业前先让铡草机空转一会儿,观察运转是否平稳,是否有异常响声,确认运转正常后再投入作业。

(4)喂料应均匀,若喂入过多导致刀轴转速降低时,应停机清理。

(5)加工饲料前,应清除料中的杂物,严防铁件、石块等硬物随料喂入。

(6)作业中若发生堵草现象,应立即分离离合器并停机,排除故障。机器运转时严禁打开防护罩。

(7)作业结束前先停止进料,待机器内物料全部排出后再分离离合器并切断电源,将机器内杂物清理干净。

四、颗粒机的维护与保养

(一)环模颗粒饲料机的保养与维修

环模式颗粒饲料机生产的颗粒饲料产量高、质量好,但该机结构比较复杂,使用维修要求比较高,必须加强日常保养和维护。现介绍其保养和维护知识如下。

1. 日常应注意5方面保养

(1)经常清除环模套腔内的残存物料。

（2）每班生产前在两滚轮偏心轴注充润滑油。

（3）经常检查滚轮与环模内壁间隙是否处于正常状态。

（4）经常检查三角胶带的松紧程度，及时调整。

（5）经常清洁设备外表上浮尘及污物。

2. 出现故障应及时维修

（1）开机不出颗粒。检查料孔是否正常，如不通可用手电钻打出料孔。注意拌料的含水量，调整环模内壁与滚轮间隙等。

（2）颗粒成形率低。原因是物料的含水率过低，应提高粉状物料含水率。

（3）颗粒表面粗糙。要注意将物料加油，进行循环挤压加以磨合，使其达到规定的光洁度。

（4）产量过低。如送料不够，可提升送料器闸板开启度。如环模内壁与滚轮间隙过大，可将间隙调整到 0.15 mm 左右。如环模内粉料结块，清除环模套内结块即可。

（5）主机突然停机。应检查保险丝，清除环模腔内物料，并相应减少进料量。如物料内混入异物，应立即停机清除等。

（二）小型颗粒机维护及保养

颗粒机在使用过程中会产生很多损耗，需要定期的维护及保养。

（1）若齿轮轴发生窜动，需要调校轴承架后面 M10 螺钉到适当位置，调整间隙以轴承不发生响声，手转皮带轮松紧适当为宜，过紧或过松均能使本机发生损坏的可能。当滚筒在工作中发生前后窜动，需要调校前轴承架上的 M10 螺钉到适当位置。

（2）如停用时间较长，必须将机器全身揩擦清洁，机件的光面涂上防锈油，用布蓬罩好。

（3）定期检查机件，每月进行一次，检查涡轮，蜗杆，润滑块上的螺栓,轴承等活动部分是否转动灵活和磨损情况,发现缺陷应及时修复,不得勉强使用。

(4)颗粒机使用完毕后或停止时,应取出旋转滚筒进行清洗和刷清斗内剩余粉子,然后装妥,为下次使用做好准备工作。

(5)颗粒机应放在干燥清洁的室内使用,不得在大气中含有酸类以及其他对机体有腐蚀性的气体流通的场所使用。

五、孵化机的使用和维护

孵化设备是现代化养鸡设备中的主要设备之一,整套孵化设备包括孵化机、出雏机及其他配套装置。

孵化机的类型很多,虽然自动化程度和容量大小有所不同,但其构造原理基本相同,主要由机体、自动控温装置、自动控湿装置、自动翻蛋装置和通风换气装置等几部分组成。目前,以箱体式孵化机(又称电孵箱)应用较多,这种类型的孵化机按其容量可分为大、中、小型 3 种规格,其容量分别为 5 万~10 万枚或更大、1 万~5 万枚、1 万枚以下,在中小型孵化机中,孵化和出雏两部分是安装在同一机体内的。

(一)对孵化机的要求

(1)自动控温,温度均匀一般要求控温精度为 ±0.2℃,机内各点温度差小于等于 0.4℃。

(2)通风合理,及时换气孵化期间每枚胚蛋应有 0.002~0.010 m^3/h 的通风量,出雏期间应有 0.004~0.015 m^3/h 的通风量,以使机内空气新鲜,CO_2 含量不超过 0.5%。

(3)定时翻蛋,角度要够,动作要平稳,一般每隔 1.0~2.5 h翻蛋一次,翻蛋角度为 ±45°,当蛋盘翻至最大角度时,蛋与蛋盘都不能掉下。

(4)自动控湿,湿度适当。一般要求孵化期间相对湿度为

53%～57%,出雏期间为 65%～70%,误差不超过 3%。

(二)孵化机的使用与维护

(1)孵化机应安装在混凝土地面上,地面应保持平整,安装时孵化机应稍向前(有的机型向后)倾斜,以便于清洗时排放污水,机门前要留 2～3 m 的操作空间。

(2)孵化室的温度应保持在 20～27℃,温度高于 27℃或低于 20℃时,应考虑安装空调设备或采取其他措施。湿度应保持在 50%左右。室内要有良好的通风换气条件,孵化机(特别是出雏机)排出的废气要用管道引至室外。孵化室要经常清扫、冲洗、粉刷和消毒。

(3)整机安装完毕后要通电试机,检查温度、湿度控制系统是否正常,并根据要求调好温度。还要检查超温、低温报警系统有无故障,自动定时翻蛋系统是否正常等,待运转 1～2 天,一切正常后方可正式入孵。

(4)使用中随时注意观察机门上温度计指示的温度,如有不正常现象要及时检查控温系统,排除故障。

(5)随着胚龄的增长应适当开启进气口和排气口,后期应全部打开,以保证胚胎正常发育对氧气的需要,但前期不应开启过大,以免加温较慢,浪费电能。

(6)要注意翻蛋角度是否达到要求,定时是否准确,最好使所有的孵化机翻蛋,这样可以保证方向一致,以便于管理。每翻蛋一次都要做好记录。

(7)要注意控湿装置的水箱(盘)内不能断水,感受元件的纱布与水盒内要经常换水,纱布被脏物污染后要洗净后重装。对于无自动控湿装置的孵化机,要定时往水盘内加温水并根据不同孵化期对湿度的要求,调整水盘的数量,以确保胚胎发育对湿度的要求。

（8）每孵化一批或出雏一批后，要对孵化机或出雏机进行彻底冲洗并消毒一次。然后检查机械部分有无松动、卡碰现象，检查减速器内润滑油情况，并清除电器设备上的灰尘、绒毛等脏物。通电试运转一段时间，调好温度和湿度后入孵下一批。

六、养鸡场风机的使用与维护

风机主要由风叶、百叶窗、开窗机构、电机、皮带轮、进风罩、内框架、机壳、安全网等部件组成。开机时由电机驱动风叶旋转，并使开窗机构打开百叶窗排风。停机时百叶窗自动关闭。

（一）风机长途运输时应加以保护包装

风机应竖放，避免重压、碰撞。搬运过程应轻拿轻放以防风机受损。

（二）在每养一批鸡之前都应对风机进行一次全面检查维护

轴承应加润滑剂，润滑开窗机构直三角胶带松紧是否合适，扫除风叶、百叶窗、电机等部件上的积尘。

（三）注意风机电压

风机在正确使用时电源必须符合风机铭牌规定，电压上下偏差不得超过额定电压的 10%。风机停机时严禁使用外力开启百叶窗，以避免破坏百叶窗的密合性。

（四）风机的选择

选用风机时要着重考察影响风机性能的关键部件，如：机壳、进风罩、电机、风叶、转动总成、自动开启装置百叶窗。选择风机壳主要看冷镀锌板的镀层厚薄。薄的易锈，不宜选用；风机进风罩有镀锌钢板和玻璃两种材质，选用镀锌钢板为好；与之匹配的电机功率有 750W 和 1 100W 两种，选择 1 100W 的电机为好；风机类型较多，材质有不锈钢、镀锌钢板、铝合金、彩钢板，从性能而言,宜选用不锈钢风叶。风叶造型多种多样,性能好的造型和加工工艺均复杂;转动总成有压铸铝、铸铁两种,相比之下,压铸铝性能较好;百叶窗自动开启装置有离心锤式、重力链式和风吹式。从经验看,离心锤式较稳定,重力锤式易受积尘影响,启闭易失灵。风吹式主要用于 36 吋风机。百叶窗主要看其密合性是否优良。

(五)风机安装前必须进行"设备检查——试机"程序

设备检查首先要看运输中设备有无变形、损坏,各连接部件是否牢固,百叶窗的密合性(开窗机构是否正常,安全网是否到位)。风机试机要看风量、噪音、振动、能耗是否合格,若发现不明故障应立即停机。

(六)若长期不用应封存在干燥环境下,严防电机绝缘受损

比较实用的方法是在易锈金属部件上涂以防锈油脂,防止生锈。

七、小型桶式挤奶机的维护及常见故障排除

(一)挤奶机的日常维护

1. 奶杯的清洗

每周一次将奶杯拆下,把不锈钢奶杯、奶杯胶套和脉动短管内外洗干净、晒干,再装好。装回原位时注意,奶杯套顶部与中部要对成一条直线,以避免扭曲,对奶牛乳头造成伤害。

2. 脉动器的维护

脉动器是挤奶机的心脏,各部分要求极其精密,是保证挤奶机正常工作的关键。对它的维护应该是每两个月仔细清理运动部件和脉动器壳体,使用自来水和柔性清洗剂,用毛刷制除污

物,用清水冲净后晾干,拆装时要注意先后顺序。如果挤奶机是在非常潮湿或灰尘很大的条件下作业,上述清洗至少每个月一次。同时要注意一旦有牛奶进入脉动器应及时清洗并干燥。建议每年至少用脉动器测试仪检测一次脉动器的脉动次数和脉动比率,最好由专业部门或挤奶机技术服务人员进行。如果脉动器需要彻底检修,就要与经销商联系。

3. 集乳器的清洗

每周一次应将集乳器全部拆开,手工清洗各部件。清洗过程中要注意检查各橡胶件,如出现裂缝老化等,要及时更换。

4. 真空泵的维护

真空泵是整个挤奶系统的动力部件,它的性能好坏直接影响着挤奶机的性能,因此,其维护与保养很重要。

保持真空罐和稳压器滤网清洁:真空泵内绝不允许有任何微小的杂物进入,否则其性能将会受到很大的影响,甚至造成毁坏。真空罐是杂物进入的主要渠道,因此,每次挤奶结束后都要擦净其内腔。下一次挤奶前还要注意,如又有杂物进入,则需再次擦净。真空稳压器的滤网要定期清洗,保持干净,确保稳压器正常工作。切不可在没有滤网的情况下开机,因为这样会使空气中的杂物进入真空泵。如果真空泵吸入了牛奶,必须立即停机,冲洗真空罐及橡胶真空管,否则会烧毁电机。

及时更换真空罐上的橡胶密封件:橡胶密封件连续使用半年后会有不同程度的老化或变形,用户可根据实际情况(如漏气)进行更换。

经常检查传动皮带:电机和真空泵的装备在出厂前经过严格调试,保证电机和真空泵皮带轮在同一个平面上,因此,用户不要随意自行拆卸。使用过程中要经常检查传动皮带,看是否磨损或过松,如皮带过松则需要张紧,如磨损严重则需要更换。否则,将造成真空下降或不稳定,使挤奶性能受到严重影响。

(二)常见故障及排除方法

1. 开机或工作时真空表读数不在 45～50 kPa 范围

原因可能是罐密封件漏气,这时用有颜色的水涂在密封件上,观察颜色有无渗入罐内。如有,则表明密封件需要更换;如没有颜色渗入,则可能是稳压器松动,需打开稳压器上盖,边观察真空表的读数边转动稳压器的铜套,直至指针指在正常范围内。然后,将锁紧螺母拧紧。

2. 奶桶内非真空而管内是真空,但不能挤奶

原因是桶盖清洗不干净,造成单阀黏附在座上,此时应将奶桶及各零件进行清洗。

3. 脉动器不工作

原因有四方面:一是真空导管开关没打开(应打开);二是脉动频率调整螺钉拧到底(应调到合适位置);三是脉动器盖和器体之间有所歪斜(应调正);四是脉动器的通气孔堵塞。

八、增氧机的维护与保养

(一)鱼池增氧机的种类

鱼池水的深浅不同,养鱼的密度不同,需配备的增氧机也不同。为了达到高产高效的目的,现介绍几种鱼池增氧机供养殖户按实际需要选购。

1. 充气式增氧机

主机是空气压缩机或鼓风机。当空气加压后通过水底安装的沙滤芯或微孔塑料管时,排出微小气泡,在气泡上升的过程中

形成水体运动,一部分氧气溶入水中从而达到增氧的目的。该机适合深水鱼池使用。

2. 射流式增氧机

这种增氧机由潜水泵和射流管配套组合而成。工作时,水泵里的水从射流管内的喷嘴高速射出,产生负压吸入空气,水和气在混合室里混合,然后由扩散管压出,溶氧就会随着直线方向的水流扩散。由于这种增氧机在水下没有转动的机械,不会伤害鱼体,很适合养鱼密度大的深水鱼池使用。

3. 喷水式增氧机

该机利用水泵把水送入装在鱼池中部和岸边的喷头,使水喷出并呈降雨状落下,使水与空气接触达到增加溶氧的目的。该机只适用于水浅的小鱼塘。

4. 水车式增氧机

该机工作时,桨叶高速击水,把空气搅入水中,达到增氧的目的。这种增氧机适用于水浅的池塘,它不会搅动底泥,能保持池水清爽。

5. 叶轮式增氧机

该机通过搅拌水体和曝气原理增加水中的溶氧量,增氧效果好、动力效率高,按电机功率大小有多种型号。使用时整机浮在池塘中央,并用绳索系牢于池边。工作时叶轮旋转,搅拌水体,产生提水和推动水体混合的作用,使水层上下产生对流,整个水体的溶氧趋向均衡。一般要求池水深 1.5~2 m。

(二)增氧机的配置及使用技术

水中溶氧量的高低直接影响鱼类的摄食、生长和饲料利用率,乃至影响鱼类的生存。因此,实行精养高产的集约化养鱼池塘,需要配置增氧机。

增氧机有叶轮式、水车式、喷水式和充气式等多种。要根据池塘水体条件、池鱼密度和产量等情况配置增氧机。一般水深在 2 m 以上的池塘,可配置叶轮式或水车式增氧机,水深在 1.5 m 左右的池塘可配置喷水式增氧机。亩(1 亩 ≈ 667m^2。下同)产 500~800 kg 的池塘,每 3~5 亩水面配置一台 3 kW 的增氧机为宜。

池塘水体中溶氧的主要来源是水体中浮游植物的光合作用产氧,以及从空气中直接溶入。浮游植物的光合作用与天气、气候等有关,空气中的氧溶入水中则与气压、水温等有关。所以,应根据池塘水体溶氧来源特点,即主要根据季节与天气状况合理使用增氧机。这样,既可以降低开机费用,又可收到好的增氧效果。

1. 合理使用增氧机应掌握如下原则

(1)夏秋高温季节,晴天午后开机。这时开机的主要目的是打破池水热成层,促使池塘上层溶氧达到饱和状态的水体与下层溶氧量低的水体对流交换,以增加整个池塘水体的溶氧含量,开机时间宜在午后 2~3 点钟进行,开机时间长短依增氧机负荷水面大小而定,3 kW 的增氧机负荷 3~5 亩水面时开机 0.5 h 左右,负荷 6~8 亩水面时,需开机 1h 左右。

(2)阴天时,应在次日清晨开机。此时开机是直接增氧。开机一般在清晨 3~5 点钟进行,若水肥鱼密则应开机早些,反之可晚些开机,一直开动到日出。

(3)阴雨连绵半夜开机。因水肥鱼密或天气异常等原因而池鱼有严重浮头危险时,要在鱼类浮头之前,一般在半夜前后开机,中途不能停机,一直开动到日出。

(4)高温季节天气炎热,可天天开机;低温时节不必开机;阴雨大白天不要开机;一般情况下傍晚不要开机。

2. 增氧机的合理配置

增氧机机型要与池塘的水深和面积相配套,但主要考虑水深。3 kW 的叶轮式增氧机,适用于 1.4～2.0 m 水深,5.5 kW 的叶轮式增氧机适用于 2.1～2.4 m 水深,7.7 kW 的叶轮式增氧机适用于 2.5 m 以上水深。如果在 1.3 m 以下水深中使用叶轮式增氧机会使池底污泥泛起,导致生化耗氧增多,反而降低了池塘的溶氧。水深不足 1.3 m 的池塘配置喷水式增氧机为宜。亩产 500～800 kg 的池塘,3～5 亩水面配置一台 3 kW 的增氧机为宜。

3. 增氧机的合理使用方法

池塘安装增氧机的作用是改善水质、防止鱼类浮头、提高鱼类产量。增氧机的种类很多,目前,大多采用叶轮式增氧机,它具有喷水、曝气、增氧的功能。对于水源缺乏、单产较高的池塘,使用增氧机尤其重要。在正常养殖过程中并不需要整天开动增氧机,只是在关键时刻发挥增氧机的作用即可,从而以达到耗电少、增氧效果好、鱼类不浮头的目的。正确使用技术如下。

(1)晴天午后 2～3 点开机。此时 1 m 以上的表水层温度较高,光照充分,光合作用最强烈,溶氧量达到过饱和,开机后使表层溶氧混合到其他水层。在 1 m 以下的水层中,光照渐暗,温度降低,光合作用越来越弱,溶氧渐少,低层可能产生了氧债,此时开动增氧机搅水,打破热成层,促使池塘上下层水体对流交换,填补了下层水体的氧债,使整个水体保持合理的溶氧量。开机时间长短以增氧机负荷水面多少而定。如,3 kW 的增氧机负荷 3～5 亩水面开机 0.5 h;若负荷 6～10 亩水面,则开机 1h。晴天午后开机一段时间之后,因填补下层水体的氧债,也增加了池水溶氧量的贮存,一般到次日清晨不必要再开机。

（2）阴天时开机情况。一般阴天选择次日清晨开机,目的是直接搅水增氧。因为阴天光合作用弱,池水溶氧贮备较少,又经过夜间的消耗,池水溶氧有可能降到鱼类氧阈附近,因此应在清晨3～5点开机,若水肥鱼密开机时间还要提前。阴雨连绵或因水肥鱼密等原因有严重的浮头危险时,要在鱼儿浮头之前开机。具体掌握是池中野杂鱼、小虾有浮头迹象时开机,一般在半夜前后。因为此时池水中的氧含量很少,如果等养殖鱼类浮头再开机就来不及抢救,容易造成鱼儿泛塘死亡。野杂鱼、小虾的耐氧比养殖鱼类低,可以作为开机时机的参考。阴雨天时白天不开机。阴雨天白天光合作用比较弱,表层池水溶氧量不会过饱和,此时开机搅水不能把表层池水过饱和的溶氧混合到底层,达不到增氧的目的。

（3）一般天气傍晚池水溶氧并不缺乏,因此傍晚不要开机,若开机会促使鱼池上、下水层水体提前对流混合,加快耗氧速度。若水质变坏必须开机就不要再停机,同时准备增氧剂配合使用。

（三）叶轮式增氧机的安全使用和检修保养

1. 安全使用

叶轮式增氧机是目前广泛使用的池塘养鱼机械,它是通过叶轮搅拌等方式使水体增氧、曝气,改善水质而促进鱼类生长,提高鱼产量。为保证安全作业和提高作业质量,应注意以下几点。

（1）增氧机在工作中受扭力较大,必须安装牢固。电缆线应用锁夹固定在机架上,不得承受拉力,切不可当绳子拉拽,以免造成线头接触不良。

（2）保护罩应正确安装,以防电气线路被水淋湿。同时注意保护接线盒,以免遭水溅湿而造成漏电或短路事故。

(3)增氧机下水时,应使机组呈水平或接近水平状态移入水中,以免减速箱内润滑油从通气孔溢出。同时严禁电动机与水接触,以免因水浸而烧坏电动机。

(4)增氧机的安装深度,应使叶轮上的"水线"记号与水面平齐。若无记号,则其上端面要与水面平齐,以防入水过深、电机过载而烧坏。

(5)启动时,应注意观察增氧机运输情况,若出现反转、异响、振动不稳等现象,应立即停机,排除故障后方可重新开机。

(6)运行中注意人、畜不得靠近增氧机叶轮,以免受叶轮伤害。当发现叶轮上有缠绕物或附着物应及时清除。发现因浮体磨损,浮力降低时应予检查修复,以免使负荷增大而烧坏电机。当检查、排除故障时一定要停机,切断电源。

(7)要根据天气变化、鱼类动态和增氧机负荷来灵活掌握开机,原则是:晴天中午开,阴天清晨开,连绵阴雨半夜开,傍晚不开,浮头早开,鱼类主要生长季节每天开,半夜和中午开机时间长。在鱼类主要生长季节,要注意白天温度高,光照强,傍晚下雷阵雨时,或白天起南风,气温很高,到夜间突然起北风时,或大量投饲造成水质过肥时,应注意及早开机,预防鱼类浮头引起"浮塘"。

2. 增氧机的检查维修保养

增氧机经过一段时间的使用,其电机、减速箱、叶轮、浮筒及线路等部位,容易受损而发生故障,必须进行检查维修保养。

(1)电动机:检查时用手旋转电动机转子,听机内有无摩擦声、碰撞声。检查轴承是否损坏,炭刷是否磨损,并将整流子表面的锈打光。

(2)减速箱:检查减速箱的轴、齿轮等部件的磨损情况,油封是否完好。如发现有破损等情况,应予修复和更换。若箱内的油已变质,要把变质的油换掉,并清洗箱内泥沙,并注入新油。

(3)叶轮和浮筒:检查叶轮是否变形,如已变形应整修复原,然后涂上防锈油漆。检查浮筒的焊接处是否锈蚀漏水,若锈蚀漏水,应进行焊补。

(4)线路:用兆欧表检查电机的绝缘情况,检查接线柱是否安全稳固,电线是否破损或裸露,若发现有上述情况,应予修复或更换。检查接线盒,若受到水侵蚀应更换,并做好接线盒的防水保护。

第二节　温室大棚机械的保养与维修

一、大棚卷帘机的保养与维修

(一)大棚卷帘机的概述

大棚卷帘机是设施农业的重要机械装备,随着我国农业产业结构的调整,大棚种植越来越被政府和农民所重视,农民的收入日渐增长。从近几年设施农业的发展来看,设施农业的主要机械——大棚卷帘机已被农业园区和广大种植业户所认识,它的作用越来越明显,大部分农业园区已把卷帘机列为园区建设中的主要配套设备。

传统的温室大棚保温覆盖物为草帘,一个大棚长度约为50~80 m,草帘重2 500 kg以上,雨雪后可达7 500 kg,两个较熟练的劳动力每天卷放共需90 min,卷放劳动强度大,耗时多,利用电动卷帘机进行卷帘便解决了这一问题。

电动卷帘机卷放长度可达80 m以上,卷放跨度7~10 m,卷帘或放帘一次只需6~8 min,比人工卷放节约近1.5 h,节省了劳动时间,减轻了劳动强度,同时延长了室内光照时间,增加了作物光合作用。另外,使用电动卷帘机整体卷放,抗风性强对草帘可起到保护作用,延长了草帘的使用寿命。

电动卷帘机分为固定式和可动式。固定式卷帘机固定在大棚后墙的砖垛上,利用机械动力把草帘子卷上去,利用大棚的坡度和草帘子的重量往下滚放草帘子。该种型号的卷帘机造价较高,大棚要有一定的坡度,如果棚面坡度太平,草帘子滚不下来。可动式电动卷帘机使用最为普遍,它由立支架、卷轴和主机三部分组成。后墙没有砖垛,安装简单,采用机械手的原理,利用卷帘机的动力上下自由卷放草帘子,不受大棚坡度大小的限制。安装使用卷帘机的温室,棚面要平整,梁架要与温室前沿线垂直,整体结构要坚实,梁架必须有足够的承载能力。安装时草帘上端必须牢牢固定,草帘下端同卷轴固定时绑法应一致,绕在轴上的草帘量要统一,主机与上下臂及卷帘轴连接用的高强度螺栓严禁用普通螺栓代替。

(二)电动卷帘机的使用与维护

1. 电动卷帘机使用操作规程和注意事项

(1)卷帘前,必须将压草帘的物品移开,雪后应将帘上积雪清扫干净,若雨雪后草帘湿透过重,应先卷直一部分,待草帘适当晾晒后再全程卷起。

(2)卷放过程中传动轴和主机上、传动轴下的温室面上和支承架下严禁有人,以防意外事故发生。

(3)覆盖材料卷起后,卷帘轴如有弯曲,应将卷帘机放下,并用废草帘加厚滞后部位,直至调直。如出现斜卷现象或卷放不均匀,应及时调整草帘和底绳的松紧度及铺设方向。

(4)使用过程中要随时监控卷帘机的运行情况,若有异常声音或现象要及时停机检查并排除,防止机器带病工作。

(5)切忌接通电源后离开,造成卷帘机卷到位后还继续工作,从而使卷帘机及整体卷轴因过度卷放而滚落棚后或反卷,造成毁坏损失。

(6)温室湿度较大,容易漏电、连电,电动卷帘机必须设置断电闸刀和换向开关,操作完毕须用断电闸刀将电源切断,以防止换向开关出现异常变动或故障而非正常运转造成损失。

2. 电动卷帘机的保养与维修

(1)在使用过程中对卷帘机进行维修与保养要注意安全,必须在放至下限位置时进行,应注意先切断电源。确实需要在温室面上维修时,应当用绳把卷帘轴固定好,严防误送电使卷帘轴滚落伤人。

(2)使用过程中,要定期检查各部位连接是否可靠,检查时应特别注意主机与上臂及卷帘轴的连接可靠性,各部位连接螺栓每半个月应检查紧固一次。

(3)使用过程中应经常检查和补充润滑油,主机润滑油每年更换一次。

(4)机器使用完毕,可卷至上限位置,用塑料薄膜封存。如拆下存放要擦拭干净,放在干燥处。卷帘轴与上、下臂在库外存放时,要将其垫离地面 0.2 m 以上,并用防水物盖好,以免锈蚀,并应防止弯曲变形,必要时应重新涂防锈漆。

(5)卷帘机在每年使用前应检修并保养一次,检修主要内容包括主机技术状态,卷帘轴与上、下臂有无损伤和弯曲变形,上、下臂铰链轴的磨损程度,卷帘轴及上、下臂与主机的连接可靠性,如发现问题应进行校正、加固、维修。

二、大棚耕作机的使用与保养

(一)大棚耕作机的使用

1. 渡过水沟、田埂时,使用踏板

进入水田、渡过水沟或通过柔软的场所,必须使用踏板,以最低速度移动。踏板的宽度、强度、长度应适合本机器。在踏板上,请勿操作转向把手、主离合器手柄和主变速操纵杆,否则,会滑倒或歪倒,招致事故发生。

2. 禁止急前进,停止,转弯和超速加速

慢慢起动和停止机器,转弯时把速度降到最慢。在下坡或在凹凸不平的场所,尽量降低速度,否则,会对机械产生损坏和发生事故。

3. 行驶时应注意路肩

有水沟的道路或两边倾斜的农机道路,要充分注意路肩。否则,将会发生掉落的事故。

4. 移动时,不能旋转旋耕机,不要开动作业机

在使用旋耕机作业中,主机移动时,不能旋转旋耕机,否则,会被旋耕刀卷入,发生受伤事故。

5. 凹凸柔软地或横断沟的道路要低速运转

在下坡道或凹凸、横断沟多发的道路上要低速移动。否则,可能发生歪倒、掉落事故。

6. 禁止眼睛看别处或放手运转

在作业中,要集中注意力,禁止眼睛看别处或放手运转。否则,可能发生伤害事故。

7. 发动机运转中未停机,手脚不能伸入旋耕机(作业机)下

请不要把脚或手放在旋耕机或作业机底下,否则,可能发生伤害人身事故。

8. 室内作业要十分注意换气工作

大棚内作业时,一定要注意排气和换气,特别在冬季,应引起充分重视。否则,排出的废气对人体有害,甚至造成伤害。

9. 禁止站在旋耕机后进行后退作业

因为旋耕机的刀爪在操作者的前面旋转,进行后退作业时,人有可能被夹在障碍物和旋耕机之间,发生人被旋耕机卷入的受伤事故,所以进行后退作业是禁止的。

10. 人或动物请勿靠近

在作业中,人或动物请勿近前,特别注意小孩子不能接近,否则,可能发生不可预料的伤害事故。

11. 注意猛进突发事情发生

用旋耕机或半轴作业时注意猛进(或突进)旋转的旋耕机碰到坚固的地面或石头会顺势跳起,请注意这种猛进(或突进)。特别是碰到有河沟、悬崖或人,会发生人身事故或掉落。

12. 后退时,旋耕机停止旋转

旋耕机作业中,后退时,要停止旋转。否则,会被旋转的刀爪卷入,发生人身伤害事故。

13. 发动机启动时,确认周围情况

发动机启动时,操纵杆的位置和周围的安全要认真确认。

14. 清除泥土、刀爪上杂草时,停止发动机

使用中,若须清除机器上的泥土和刀爪上的杂草时,应停止发动机,否则,会招致伤害事故的发生。

15. 倾斜地作业,禁用转向手把

在倾斜地作业时,为了不致使机器歪倒,要扩大轮距,方向转换时,不能使用转向把手,使用扶手把操作,否则,会引起歪倒及伤害事故。

16. 扶手把转向相反方向,左右转向把手要切换

本机配备在转向变换装置,当扶手把转向相反位置时必须操作转向变换装置,切换手把,以达到按操作者原来记忆习惯进行转弯。

(二)大棚耕作机的保养

(1)每天使用后请用水冲洗机器,洗后充分擦干,各运转和滑动部分充分加油。但冲洗时,请不要把水渗入空气滤清器的吸气口内,而且,必须停止发动机,待过热部分冷却后进行。

(2)各注油部位,包括扶手把锁紧手柄以及平面180°回转锁紧手柄支点;主离合器滚轮和操纵手柄支点及软轴拉线调节器处;转向把手和操纵手柄支点及软轴拉线调节器处;变速操纵手柄支点;支架支点;副变速杠杆支点处;副变速操纵手柄、旋耕机离合器操纵手柄支点及软轴拉线调节器处。

三、温室大棚滴灌机械的正确安装与使用方法

大棚滴灌具有降低湿度、提高地温、节水、省工、高效、增产等许多优点。但大棚滴灌机械在使用中常出现灌水器损坏、滴孔堵塞、出水均匀度差及流量小等毛病。为了避免以上毛病的发生,用户应注意以下几点。

(一)选择合适的滴灌机械

(1)通过计算或按设计要求,选择合适的水泵;通过计算设计出合理的供水管径和管长,以达到较高的均匀度;供水管道应

选择具有抗老化性能的塑料管材。

（2）灌水器是关键部件，要选择出水均匀、抗堵塞能力强、安装使用方便的灌水器。

（3）选择的过滤器，应为 120 目或 150 目，并具有耐腐蚀、易冲洗等优点。

（二）正确安装滴灌机械

（1）供水管道的安装要采用双向分水方式，力求两侧布置均衡。

（2）首部枢纽在安装过程中，必须在过滤器的前后各装 1 块压力表，1 个阀门，其目的是为了观察过滤器前后的压差及便于调节流量和压力，同时便于过滤器的清洗。

（三）正确使用滴灌机械

（1）要控制好系统压力，系统工作压力应控制在规定的标准范围内。

（2）过滤器是保证系统正常工作的关键部件，要经常清洗。若发现滤网破损，要及时更换。

（3）灌水器易损坏，应小心铺放，细心管理，不用时要轻轻卷起，切忌踩压或在地上拖动。

（4）加强管理，防止杂物进入灌水器或供水管内。若发现有杂物进入，应及时打开堵塞头冲洗干净。

（5）冬季大棚内温度过低时，要采取相应措施，防止冻裂塑料件、供水管及灌水器等。

（6）滴灌时，要缓缓开启阀门，逐渐增加流量，以排净空气，减小对灌水器的冲击压力，延长其使用寿命。

参考文献

[1]刘司法,王建鹏.农机安全手册[M].北京:中国农业科学技术出版社,2006.

[2]张新植,李岩,乔金友.农业机械维护保养[M].哈尔滨:黑龙江科学技术出版社,2008.

[3]全国联合收割机驾驶员培训教材编审委员.联合收割机驾驶员读本[M].北京:中国农业科学技术出版社,2005.

[4]农业部农机行业职业技能鉴定教材编审委员会.农机修理工[M].北京:中国农业科学技术出版社,2003.